Pocket Power

Hendrik Backerra
Christian Malorny
Wolfgang Schwarz

Kreativitätstechniken

Kreative Prozesse anstoßen
Innovationen fördern

3. Auflage

W0280603

HANSER

Die Wiedergabe von Gebrauchsnamen, Handelsnamen, Warenbezeichnungen usw. in diesem Werk berechtigt auch ohne besondere Kennzeichnung nicht zu der Annahme, dass solche Namen im Sinne der Warenzeichen- und Markenschutzgesetzgebung als frei zu betrachten wären und daher von jedermann benutzt werden dürfen.

Bibliografische Information der Deutschen Nationalbibliothek
Die Deutsche Nationalbibliothek verzeichnet diese Publikation in der Deutschen Nationalbibliografie; detaillierte bibliografische Daten sind im Internet über http://dnb.d-nb.de abrufbar.

Dieses Werk ist urheberrechtlich geschützt.

Alle Rechte, auch die der Übersetzung, des Nachdruckes und der Vervielfältigung des Buches, oder Teilen daraus, vorbehalten. Kein Teil des Werkes darf ohne schriftliche Genehmigung des Verlages in irgendeiner Form (Fotokopie, Mikrofilm oder einem anderen Verfahren), auch nicht für Zwecke der Unterrichtsgestaltung – mit Ausnahme der in den §§ 53, 54 URG genannten Sonderfälle –, reproduziert oder unter Verwendung elektronischer Systeme verarbeitet, vervielfältigt oder verbreitet werden.

© Carl Hanser Verlag München
unveränderter 4. Nachdruck der 3. Auflage von 2007

www.hanser-fachbuch.de

Lektorat: Lisa Hoffmann-Bäuml
Herstellung: Ursula Barche
Layout: Der Buch*macher*, Arthur Lenner, München
Grafiken: Halina Wojtusiak, München
Umschlaggestaltung: Parzhuber & Partner GmbH, München
Umschlagrealisation: MCP • Susanne Kraus GbR, Holzkirchen
Druck und Bindung: Kösel, Krugzell
Printed in Germany

ISBN 978-3-446-41233-0

E-Book-ISBN 978-3-446-41585-0

Inhalt

1 Einleitung

1.1 Ohne Kreativität keine Innovation

„Die Fähigkeit zur Innovation entscheidet über unser Schicksal."
Roman Herzog, als Bundespräsident in seiner „Aufbruch-Rede" 1997

Innovationen sind heutzutage für Unternehmen und ganze Volkswirtschaften überlebenswichtig.

Sie sind Reaktion auf und Ergebnis einer stark gestiegenen Wettbewerbsintensität, die durch die Globalisierung der Märkte, verkürzte Produktlebenszyklen, den Wandel der Informations- und Kommunikationstechnologien und die extreme Vermehrung verfügbaren Wissens verursacht wird. Innovationen dienen Unternehmen präventiv zur Anpassung an zukünftige marktliche Entwicklungen und bestimmen maßgeblich die Erhaltung der Wettbewerbsfähigkeit eines Unternehmens.

Doch was verbirgt sich eigentlich hinter dem Begriff „Innovation"?

Es ist vom lateinischen Wort „innovatio" abgeleitet, das sowohl *Erneuerung* als auch *Veränderung* bedeutet. Eine Innovation muss also keineswegs immer etwas einmalig und vollkommen Neues sein (wie z.B. ein vollkommen neues Produkt am Markt), sondern kann auch ein gradueller Unterschied gegenüber dem bisherigen Zustand sein. Als Innovation in einem Unternehmen gelten daher Neuerungen, die für das Unternehmen neu sind und der Verbesserung seiner Produkte und Prozesse dienen.

Unabhängig davon, ob es sich bei einer Innovation um eine Produkt- oder eine Verfahrensinnovation handelt: in beiden Fällen handelt es sich i. d. R. um absichtlich herbeigeführte Problemlösungsergebnisse, die basierend auf vorhandenem Wissen durch die Kombination geläufiger Erkenntnisse und durch Analogiebildung zu Bekanntem produziert werden.

Der Innovationsprozess lässt sich grob in fünf Phasen unterteilen (Bild 1).

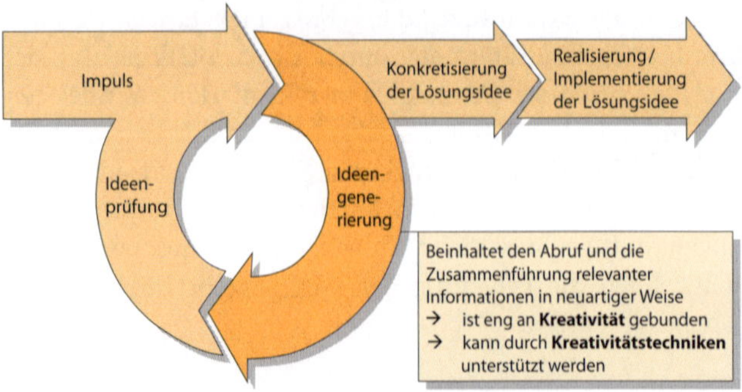

Bild 1: *Phasen im Innovationsprozess*

Der Impuls oder Anstoß zu einer Innovation kann unternehmensintern oder -extern erfolgen, z. B. durch unbefriedigende Qualitätskennzahlen im Produktionsprozess oder durch sinkende Verkaufszahlen bei einem Produkt.

Die Phase der Ideengenerierung ist eng an Kreativität gebunden (siehe auch Kapitel 2.7 zum kreativen Prozess). Sie umfasst die Problemanalyse und die Ideen-Neukombination durch den Abruf relevanter Informationen und vorhandener

Kenntnisse, die auf neue Art und Weise zusammengeführt werden. Vom Erfolg dieser Phase hängt die Anzahl der Ideen ab, und damit notwendigerweise, wieviele Ideen im Anschluss überhaupt noch auf Brauchbarkeit geprüft und später realisiert werden können. Während sich viele Unternehmen mit der Ideenrealisierung, z. B. in Form des Projektmanagements, strukturiert auseinander setzen, findet die Ideenfindung häufig eher zufällig statt. Bisher setzen nur wenige Unternehmen gezielt kreativitätsfördernde Werkzeuge ein.

Kreativitätstechniken stellen eine produktive Möglichkeit dar, Kreativität und damit die Ideenfindung für Innovationen im Unternehmen unter den Mitarbeitern zu fördern. In den letzten Jahrzehnten wurde eine Vielzahl verschiedener Kreativitätstechniken entwickelt. Sie stammen hauptsächlich aus den USA und verschiedenen europäischen Ländern. Dennoch finden sie im unternehmerischen Alltag bisher nur vereinzelt Verbreitung.

1.2 Aufbau des Buches

Der erste Teil erläutert verschiedene Grundlagen zur Kreativität, die für einen gezielten Umgang mit ihr im Unternehmen zweckmäßig scheinen.

Der zweite Teil beschäftigt sich mit den praktischen Werkzeugen, die Kreativität im Unternehmen fördern können. In Anlehnung an die Sieben Qualitätswerkzeuge (Q7) und die Sieben Managementwerkzeuge (M7) – siehe Pocket Power „Qualitätstechniken" – werden Sieben Kreativitätswerkzeuge (K7) und ein „Klassiker" erläutert, mit denen Kreativitäts- und Innovationsprobleme im Unternehmen gelöst werden können. Die Auswahl der K7 wurde von einer Arbeitsgruppe am Fachgebiet Qualitätswissenschaft der TU Berlin mit der

Zielrichtung vorgenommen, dass jedes der Werkzeuge andere Fähigkeiten unterstützt. Dabei sind die Werkzeuge selbst keineswegs neu. Neu ist die Beschränkung auf sieben Werkzeuge sowie ihr Zusammenwirken.

Der Einsatz der Werkzeuge hat sich in der Praxis als erfolgreich herausgestellt. Dabei zeigte sich, dass von der Anwendung der K7 wichtige Impulse für die Förderung der Kreativität von Mitarbeitern ausgehen. Die Vorstellung der Kreativitätswerkzeuge erfolgt anwendungsorientiert: Jedes Kreativitätswerkzeug wird durch die Unterpunkte „Worum geht es?“, „Was bringt es?“ und „Wie gehe ich vor?“ erklärt. Tipps, Hindernisse, Variationen und Vertiefungen geben gezielte Hilfe zur Anwendung.

Verwendete Symbole:

Tipps

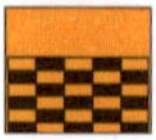
Hürden

2 Grundlagen zur Kreativität

2.1 Ausgangssituation

Bei jedem Menschen nimmt die vorhandene natürliche Kreativität mit zunehmendem Alter und dem Absolvieren bestimmter Bildungsstufen ab – wenn sie nicht trainiert wird.

Jede Form von Bildung und Arbeit in Organisationen ist auch eine „Verbildung“ im Bereich Kreativität – ein Faktor, der sich negativ auf die Innovationskraft von Unternehmen auswirken kann.

2.2 Begriff

Kreativität galt lange als ein Phänomen, das zwar beobachtbar, aber nicht beeinflussbar war. „Der göttliche Funke“ oder die „Eingebung einer Muse“ traf ein schöpferisches Genie – aber kaum einen normalen Menschen. Heute ist erwiesen, dass die geistigen Grundstrukturen der Kreativität bei jedem Menschen vorhanden sind, sie aber unterschiedlich stark genutzt werden. Kreativität ist ein vielfältiger Begriff:

- Zum einen bedeutet Kreativität die Fähigkeit, neue nützliche Ideen als Reaktion auf Probleme oder Bedürfnisse hervorzubringen.
- Zum anderen bedeutet kreatives Denken das Ausbrechen aus verfestigten Denkstrukturen. Dabei ist eine kreative Leistung eine Neukombination von bekanntem Wissen.

Kreativität ist in Forschung und Praxis längst nicht mehr nur dem Bereich der Künstler zugeordnet, sondern bezeichnet eine Strategie zur erfolgreichen Umweltbewältigung durch Problemlösungen (Bild 2).

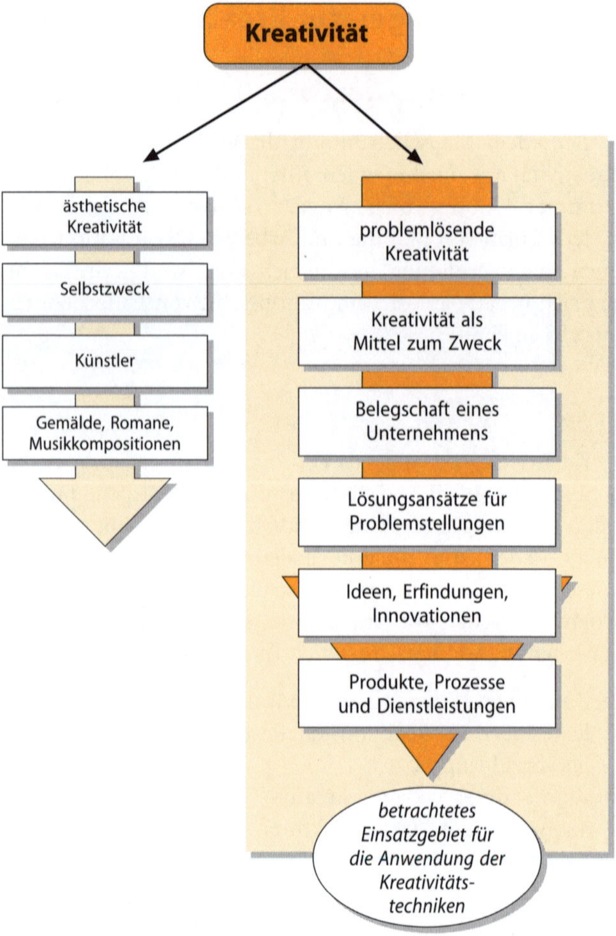

Bild 2: *Formen von Kreativität*

Quelle: Nütten, I.: Die anonymen Kreativen, Wiesbaden 1988.

Schlicksupp, einer der bekanntesten Kreativitätsforscher, definiert Kreativität als

„die hervorragende Denkfähigkeit zur Lösung schlecht strukturierter und schlecht definierter Probleme wie Such-, Analyse- und Auswahlprobleme.“

Die Kreativitätsforschung entstand in den 60er-Jahren in den USA, u. a. als Folge des „Sputnik-Schocks“. Es entwickelte sich eine anwendungsorientierte Kreativitätsforschung, welche die vier Bereiche

- kreative Person,
- kreativer Prozess,
- kreatives Umfeld und
- kreatives Produkt (siehe auch Kapitel 1.1)

betrachtet (Bild 3).

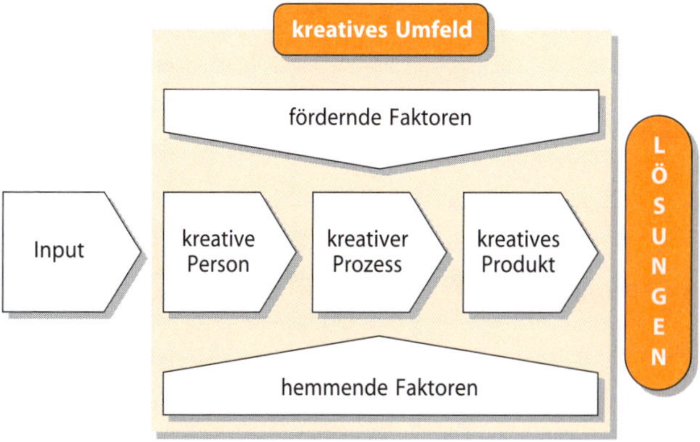

Bild 3: *Einflussfaktoren der Kreativität*

Quelle: Knieß, M.: Kreatives Arbeiten, München 1995.

Wichtige Ergebnisse aus diesen Bereichen werden im Folgenden dargestellt. Besonders Moderatoren, die kreative Kleingruppen leiten, sollten die Ergebnisse als Basis für ihre Arbeit nutzen.

2.3 Kreativität und Gehirnforschung

Um Kreativität gezielt zu fördern, sind Kenntnisse über die Arbeitsweise des menschlichen Gehirns notwendig.

Das menschliche Gehirn besteht aus einer linken und rechten Hemisphäre, die mit einem 200 Millionen Nervenfasern dicken „Balken", dem Corpus Callosum, verbunden sind (Bild 4).

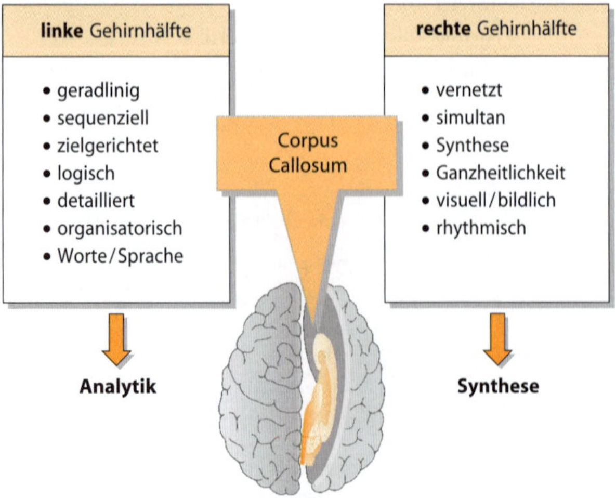

Bild 4: *Das menschliche Gehirn und seine Funktionen*

Quelle: Kirckhoff, M.: Mind-Mapping: die Synthese von sprachlichem und bildhaftem Denken, Berlin 1990.

Beide Gehirnhälften arbeiten in unterschiedlicher Weise und erfüllen verschiedene Aufgaben. Die linke Hemisphäre ist eher zuständig für das sog. „digitale Denken“, das die Fähigkeit, analytische Tätigkeiten auszuführen, unterstützt. Beim digitalen Denken werden Informationen sequenziell abgearbeitet mit relativ geringer Geschwindigkeit. Hier ist auch das logische Denken verwurzelt, die Fähigkeit zu organisieren sowie zu planen. Die linke Hemisphäre ist maßgeblich verantwortlich für die Aufnahme und Verarbeitung von Details und deren Analyse sowie von Sprachlauten.

In der rechtsseitigen Hemisphäre werden stärker visuelle Bilder verarbeitet. Dabei handelt es sich um das sog. „analoge Denken“, das die Fähigkeit, kreativ zu sein, unterstützt. Informationen werden simultan, assoziativ und im Vergleich zur linken Hemisphäre schnell verarbeitet, ohne Zeitbezug, dafür aber räumlich. Dort wird für den Gesamtüberblick und die Synthese aller aufgenommenen Daten und Erfahrungen gesorgt. Die Körpersprache, das Gedächtnis für Erlebnisse, Sachen und Personen sitzen zu großen Teilen in der rechten Hemisphäre. Analoges Denken versorgt uns mit Ideen und kreativen Impulsen.

Die Funktionsspezialisierung ist in einem relativen Sinn zu verstehen, da die Steuerung komplexer Leistungen wie Sprache, Schreiben, Lesen, räumliche Orientierung oder sportliche Bewegungen immer das Zusammenwirken großer Neuronenverbände (nämlich viele 100 000) erfordern, die über das gesamte Gehirn verteilt sind. Daher ist es keine Frage von „entweder *nur* linke oder rechte Gehirnhälfte“, sondern von aufgabenspezifisch *dominant* aktivierten Hirnregionen.

Das Corpus Callosum sorgt für die Übermittlung der Daten zwischen beiden Gehirnhälften. Hier kommt es zu einer Koordination beider Hemisphären.

Kreativität entsteht durch die gemeinsame Nutzung der vornehmlich analytischen Fähigkeiten der linken Hemisphäre und der Synthesefähigkeiten der rechten Hemisphäre.

Bei allen menschlichen Aktivitäten sind immer beide Hemisphären beteiligt, wobei wir die linke Gehirnhälfte in unserer durch einen regelmäßigen Rhythmus geprägten Umwelt sehr viel stärker einsetzen als die rechte. Auch im üblichen unternehmerischen Arbeitsalltag wird die Arbeitsweise des linken Gehirns überbetont, was besonders für Routinetätigkeiten gilt. Sollen neue Aufgaben bewältigt, neue Ideen generiert werden, dann sind die Fähigkeiten der rechten Gehirnhälfte maßgebend. Durch die umfeldbedingte Überbetonung linkshirniger Tätigkeiten wird aber auch in diesen Fällen die rechte Hemisphäre kaum eingesetzt, da diese häufig wenig trainiert ist. Die Lösung von Problemen wird daher in vielen Fällen rational und logisch „linkshirnig“ gesucht, wenn nicht in entsprechenden Fällen bewusst gelernt wurde, die rechte Gehirnhälfte einzusetzen.

Für die Anwendung in der Praxis haben diese Erkenntnisse große Relevanz. Kreative Aufgaben und unlösbar erscheinende Probleme sollten nicht mit den gleichen „geistigen Werkzeugen“ bearbeitet werden, wie sie bei Routinetätigkeiten zum Einsatz kommen.

Die sieben Kreativitätswerkzeuge (K7) bieten eine gute Möglichkeit, sowohl die rechte Gehirnhälfte als auch das Zusammenspiel beider Gehirnhälften zu stimulieren.

2.4 Kreativität und der Einfluss von Stress

Ein wichtiger Einflussfaktor auf die menschliche Kreativität ist der Grad der Entspanntheit und des Stresses.

Man unterscheidet zwischen

- **Eustress,** das ist „gesunder Stress", und
- **Distress,** dem „krank machenden Stress".

Stress bezeichnet den Zustand, in dem sich eine Person befindet, die Ursache ist der Stressor.

Was für Menschen ein Stressor ist und wie stark sich Stress auswirkt, hängt von der persönlichen Veranlagung und den Erfahrungen mit bestimmten Situationen ab.

Was passiert bei Stress? Stress ist ein in unserem genetischen Code festgelegtes Programm, das früheren Entwicklungsstufen entstammt. Sinn der Stressreaktion ist ursprünglich die Lebenserhaltung durch einen reflexhaften Angriffs- oder Fluchtmechanismus. Unser Organismus reagiert auf Gefahr mit einer Ausschüttung von Stresshormonen (u.a. Adrenalin und Cortisol) ins Blut. Diese Stresshormone beeinflussen die Übertragungswege der Nervenzellen im Gehirn: in bestimmten Bereichen (vor allem in der für komplexe und assoziative Denkleistungen notwendigen Großhirnrinde) kommt es zu einer augenblicklichen Denkblockade. Sie dient dazu, ein Zaudern und Zögern zu vermeiden, was bei der Flucht vor einem Feind hätte tödlich sein können. Außerdem kommt es im Körper zu einer hohen Energiefreisetzung. Wir reagieren schnell, aber unüberlegt. Innerhalb kürzester Zeit ist der Mensch kampf- oder fluchtbereit – Eigenschaften, die ihm in unserer Zivilisation heute kaum nutzen, eher sogar schaden, denn die frei gewordenen Energien richten sich z.B.

bei Dauerstress oft gegen den eigenen Körper und dessen Gesundheit. Ein dauerhaft erhöhter Cortisolspiegel führt langfristig sogar zum Absterben neuronaler Verschaltungen im Gehirn und damit zur Unterdrückung von Gedächtnisinhalten.

Stress blockiert also physiologisch die Bereiche im Gehirn, die für kreatives Denken notwendig sind, und verhindert so das Finden einer angemessenen Lösung für die sich ständig ändernden Probleme im Alltag eines Unternehmens.

Beispiel:

- Ein Problem wird erkannt und unter Stress nach einer raschen Lösung gesucht. Eine Lösung wird jedoch nicht sofort gefunden. Die mögliche Folge: Aufregung und eine meist hektische, unüberlegte Reaktion unter noch größerem Druck; das Problem wird nicht nachhaltig gelöst.

Langfristig äußern sich Stressblockaden in einer schleichenden Perspektivenverengung. Der geistige Blickwinkel für das Problem und die Problemdurchdringung verringern sich – für den betroffenen Menschen meist unbemerkt.

Daraus folgt:

- Ein gestresster Mensch kann nur sehr begrenzt innovative, kreative Lösungen erbringen. Werden kreative Höchstleistungen aber von ihm verlangt, kommt es z. B. bei Problemstellungen nicht zu tiefgehenden, tatsächlich neuartigen Lösungen – die Ergebnisse werden für einen dauerhaften Erfolg meist nicht ausreichend sein. Kreativität kann nur dann erwartet werden, wenn ein entspannter Zustand herrscht. Um dies zu erreichen, muss in Bezug auf den Menschen auf zwei Ebenen angesetzt werden: beim Unternehmensumfeld einerseits und bei der persönlichen Stressbewältigung einer Person selbst andererseits. Die folgenden grundsätzlichen Tipps für kreative Sitzungen sollten berücksichtigt werden.

Tipps für ein kreatives Unternehmensumfeld:

- Vermeiden Sie zu hastig anberaumte Kreativsitzungen. Eine überlegte Planung von neuen Produkten und Prozessen verbessert die Chance auf tatsächlich neue und kreative Ideen.
- Kreativsitzungen sollten in einer möglichst entspannten, von den Alltagssorgen geschützten Umgebung stattfinden.
- Wichtige Sitzungen sollten von einem Moderator in einer positiven und spielerischen Weise geleitet werden. Kritische Beziehungen zwischen den Teilnehmern können große Stresspotenziale bergen und zu Kollisionen zwischen den Teilnehmern führen, die durch den Einsatz von Moderationstechniken verhindert werden können (siehe Pocket Power „Moderationstechniken").

Tipps für die persönliche Stressbewältigung:

Es gibt verschiedene Möglichkeiten zur persönlichen Stressbewältigung.

- Nützlich sind die vielfältigen Formen des autogenen Trainings und der Atemtherapie. Diese Techniken setzen an der vegetativen Verhaltensebene an.
- Entspannungsübungen wie die verschiedenen Meditationsarten und positive Selbstgespräche, bei denen die Personen ihre Wahrnehmung auf positive Gedanken lenken, helfen, in angespannten Situationen gedanklich Abstand zu gewinnen und die Kräfte zu sammeln.
- Zur Muskelentspannung und -lockerung sind Übungen wie z. B. leichte Gymnastik zu empfehlen.

- Verschiedene asiatische Entspannungstechniken wie z.B. die zahlreichen Yoga-Formen wirken auf verschiedenen Ebenen. Durch die Anwendung dieser Methoden verringert sich der Stress, der Körper beruhigt sich und mögliche Denkblockaden im Gehirn lockern sich. (Zusätzliche Wirkungen sind bei regelmäßiger Anwendung die Erhöhung der Belastbarkeit und der Abbau bereits bestehender Beschwerden.)

Entspannung ist eine erlernbare Fertigkeit, die sich durch regelmäßiges Training verfeinern lässt.

2.5 Was macht kreative Menschen aus?

Die Kreativitätsforscher *Nütten* und *Sauermann* haben elf Fähigkeiten unterschieden, die kreative Menschen ausmachen. Sie sind allgemein anerkannt und können als Orientierungshilfe herangezogen werden, um ein kreatives Team für eine Problemlösung zusammenzustellen.

Divergentes Denken

Man gibt sich nicht mit einer Lösung zufrieden, sondern sucht parallel nach mehreren neuen Wegen. *Aufgabenbeispiel:* Sie werden auf eine unbewohnte Insel verbannt. Welche fünf Gegenstände nehmen Sie außer Ihrer Kleidung mit?

Unkonventionelles Denken

Man spürt keine Furcht vor neuen Ideen, sondern sieht in Neuerungen die Chance. *Aufgabenbeispiel:* Was kann man mit einem bestimmten Gegenstand (z. B. Reißzwecke oder Büroklammer) alles anfangen?

Gedankenflüssigkeit

Hier ist der Einfallsreichtum einer Person angesprochen. *Aufgabenbeispiel:* Begründen Sie in möglichst wenigen Sätzen, warum Kreativitätstraining Schulfach werden sollte.

Originalität

Eine Person entwickelt ungewöhnliche Ideen. *Aufgabenbeispiel:* Welche drei Maschinen, die es noch nicht gibt, sollten erfunden werden?

Aufspüren von Problemen

Chancen werden frühzeitig erkannt. *Aufgabenbeispiel:* Einem Mitarbeiter wird z.B. die Aufgabe gestellt, eine Produkteinführung zu planen. Er selbst muss entscheiden, welche Informationen er braucht und abfragt.

Ausarbeitung

Bedeutet das exakte Ausarbeiten von Wissen. *Aufgabenbeispiel:* Eine Zeichnung mit unvollständigen Elementen wird vorgelegt. Diese vage Darstellung soll vervollständigt werden.

Reicher Wortschatz

Man kann Dinge auf verschiedene Weise umschreiben. *Aufgabenbeispiel:* Der Hausmeister soll von der Notwendigkeit überzeugt werden, dass weiches Toilettenpapier angeschafft werden sollte.

Konzentrationsfähigkeit

Man kann sich einer Aufgabenstellung aufmerksam widmen. *Aufgabenbeispiel:* Aus Zeilen gleicher Zeichen soll jedes dritte Zeichen durchgestrichen werden. Das Zeitlimit der 14 Zeilen mit je 47 Zeichen beträgt maximal 20 Sekunden.

Redefinition

Redefinition bzw. Abstraktionsfähigkeit bedeutet, dass ausgehend von einer Fragestellung diese so lange verändert und ersetzt wird, bis der Kern des Problems gefunden worden ist. Wesentliche Merkmale können von den unwesentlichen getrennt werden. *Aufgabenbeispiel:* Einer Person werden zwei Begriffe vorgegeben. Nun soll sie einen Zusammenhang zwischen den Begriffen herstellen.

Realitätskontrolle

Lösungsvorschläge können kritisch geprüft werden, ob sie wirklich zum erwünschten Ziel führen. *Aufgabenbeispiel:* Eine kurze Kriminalstory wird vorgelegt, aus der durch Analyse der Aussagen aller Beteiligten der Täter ermittelt werden soll.

Organisationsfähigkeit

Die Person erreicht durch gute Planung und konsequente Durchführung die Realisierung von Zielen. *Aufgabenbeispiel:* Ein Stadtplan wird vorgelegt, in dem die Lage einiger Geschäfte angegeben ist. Die Aufgabe besteht darin, die günstigste Route zur Belieferung der Geschäfte zu ermitteln.

Kreatives Denken ist erlernbar und kann bei jeder Person gefördert werden. Die in Kapitel 3 dieses Buches vorgestellten Techniken verstärken das kreative Denken.

2.6 Was ist kreatives Denken?

Um zu verstehen, wann und wie ein Mensch kreativ denkt, lohnt es sich, sich mit verschiedenen Denkweisen auseinander zu setzen.

2.6.1 Konvergentes und divergentes Denken

Beim kreativen Denken ist es sinnvoll, das *konvergente* und *divergente Denken* zu unterscheiden. Konvergentes Denken kann als die systematische Ausarbeitung einer vorgegebenen Idee beschrieben werden. Beim divergenten Denken werden neue Ideen produziert.

Diese Denkoperationen sind bewusst einzusetzen und zeitlich voneinander zu trennen. Bild 5 ordnet konvergentes und divergentes Denken dem Zeitverlauf der Problemlösung zu.

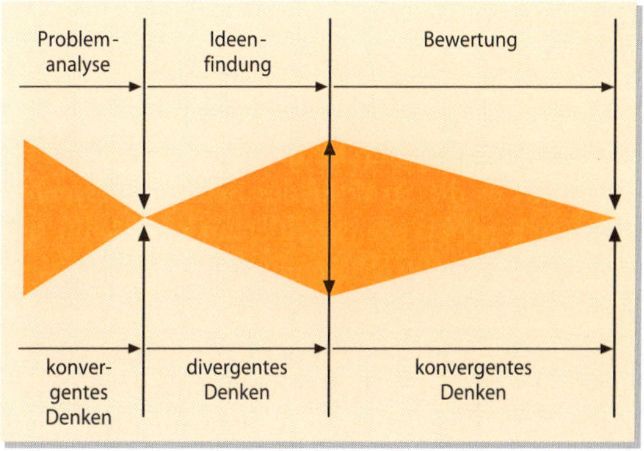

Bild 5: *Konvergentes und divergentes Denken bei Problemlösungen*

Quelle: Linneweh, K.: Kreatives Denken, Gitzel, Rheinzabern 1984.

Um kreativ zu arbeiten, sollten die Phase der Ideengenerierung und die Phase des Bewertens (Kritisierens) zeitlich getrennt werden. Darauf wird bei der Anwendung der Kreativitätswerkzeuge geachtet.

2.6.2 Bildhaftes Denken

Mögliche Denkinhalte teilen sich auf in „bildliche", „semantische" und „symbolische" Inhalte. In der Wirtschaft wird die semantische (sinnbildende) Ebene stark betont. Dies ist bei übersichtlichen Aufgaben und wenig Handlungsspielraum ausreichend. Sollen jedoch kreative Ideen produziert werden, sollten die anderen Bereiche nicht vernachlässigt werden, da in ihnen die potenziellen Lösungen zu finden sind. Die verschiedenen Denkinhalte sind auch verbunden mit der Aktivierung der beiden Gehirnhälften.

Ein Beispiel soll die Bedeutung des bildlichen und symbolischen Denkens für kreative Problemlösungen verdeutlichen:

- Kekulé schaffte den Durchbruch in der organischen Chemie, indem er die Struktur des Benzolringes entdeckte. Lange Zeit kamen Wissenschaftler auf keine schlüssige Anordnung der einzelnen Bestandteile des Moleküls. Kekulé träumte nach eigenen Aussagen eines Nachts von Schlangen, die sich in ihre Schwänze bissen und so einen Kreis bildeten. Er tat diesen Traum nicht einfach als Traum ab, sondern sein Bewusstsein war offen für dieses bildliche Symbol. Er übertrug die Kreisstruktur auf sein Grundproblem und legte so den Grundstein für die Benzolchemie.

Das Erkennen einer verborgenen Beziehung ist für kreatives Problemlösen wichtig. Der Begriff *Bisoziation* drückt das Phänomen aus, dass man zwischen zwei scheinbar nicht verwandten Elementen des Wissens eine versteckte Beziehung findet.

2.6.3 Blockaden überwinden

Dem kreativen Denken sind zahlreiche Blockaden in den Weg gelegt. Die wichtigsten im Überblick:

Ratio

Unsere technisch-industriell geprägte Kultur hat die Überbetonung von Intelligenz und Ratio bewirkt. Wir verlangen nach Ursachen, Begründungen und logischen Herleitungen für das, was wir sehen und fühlen. Gerade dies erweist sich als größtes Hindernis für die Kreativität. Fantasie und Intuition gelten als unvernünftig, teilweise kindlich und scheinen den Problemen im Beruf nicht angemessen zu sein. Es wird auf logisch erschließbare Problemlösungen vertraut, die meist zu unbefriedigenden Lösungen führen. Von vornherein werden andere, zu visionär klingende Lösungen ausgeklammert. Sie existieren zwar im Unterbewusstsein, aber der uns selbst auferlegte Zensor lässt sie nicht in das Bewusstsein dringen.

Erfahrungen und Gewohnheiten

Einerseits sind vielseitiges Wissen und Erfahrungen wichtig für das kreative Denken. Andererseits behindert es, wie die daraus entstehenden (Gedanken-)Gewohnheiten uns ein „Soll-Sein“ von Lösungen suggerieren. Der Mensch tendiert dadurch dazu, Erfahrungen und Erkenntnisse in die Zukunft zu extrapolieren.

Da unser Denken meistens auf eine richtige Lösung fixiert ist, ergeben sich starre, lineare Gedankengänge, die sich in

Bemerkungen wie „das haben wir schon immer so gemacht" entladen. Die eine Lösung, die bis heute als richtig erkannt worden ist, wird verteidigt, folglich stellt sich eine Alternative als falsch dar.

Die Dominanz des Materiellen

Die Tatsache, dass eine neue Idee noch nicht realisiert ist, wird schnell zu ihrem Verhängnis: „Wenn die Idee so gut wäre, hätte sie bereits ein anderer umgesetzt", so die allgemeine Ansicht. Statt pauschaler Vorurteile empfiehlt sich eine unvoreingenommene und sorgfältige Ideenprüfung.

Beharrlichkeit

Zur Durchsetzung innovativer Ideen gehört ein großes Ausmaß an Beharrlichkeit. Derjenige, der auf halbem Wege abbricht und dies als Versagen der kreativen Idee wertet, der kann natürlich nicht mehr das Gegenteil (also den möglichen Erfolg) beweisen. Sein Handeln erzeugt quasi das Ergebnis, das er möglicherweise befürchtet hat. Dieses Phänomen ist als „selbsterfüllende Prophezeiung" bekannt.

Negative Kritik und ihre Folgen

Die negative Kritik ist in der Regel die bei neuen Ideen anzutreffende Sofortreaktion. Obwohl es der Nörgler („Das geht nicht, weil …") mit seiner Kritik hilfreich meinen kann, hat sie häufig antikreative Konsequenzen. Bei persönlicher Bedrohung wird in der Regel mit Gegenkritik, Aggression, Verteidigungshaltung oder Rückzug reagiert. Dadurch werden Ideen, die mit einer leichten Veränderung nützlich gewesen wären, schnell verworfen – der kreative Prozess bricht ab. Die sofortige Bewertung jedes Gedankens, die üblicherweise erfolgt, ist ein großer Ideenverhinderer.

Bewertungen der kreativen Leistung hängen in hohem Maße von bereits bestehenden Normen ab. Sind diese starr bzw. in unserem „Weltbild“ unumstößlich verankert, bleiben darüber hinausgehende Ideen häufig unerkannt.

Beispiel:

Zeichnen Sie sich neun Punkte in der dargestellten Art (Bild 6) auf.

Bild 6: *Das Neun-Punkte-Problem*

Quelle: In Anlehnung an Watzlawik, P., Weakland, J. H., Fisch, R.: Lösungen. Zur Theorie und Praxis menschlichen Wandels, 6. Auflage, Bern 2001.

Wenn Sie die Problemstellungen noch nicht kennen, schlagen Sie bitte nicht sofort die Lösungen nach (Bild 7), sondern versuchen Sie erst einmal selbst das Problem zu lösen.

Den meisten Menschen erscheint die Aufgabe zunächst relativ leicht. Es werden einige Versuche unternommen in der Hoffnung, so eine Lösung zu finden. Doch dann stellt man fest, dass man auf diese Weise zu keiner Lösung kommt, die Aufgabe scheint unlösbar.

Wenn Sie nun die Lösung in Bild 7 betrachten, erkennen Sie den einfachen Kunstgriff. Um die neun Punkte in der ersten Aufgabe miteinander zu verbinden, müssen einige der Geraden *außerhalb* des Quadrates verlaufen. Fast alle Menschen gehen aber implizit davon aus, dass die Geraden innerhalb des Quadrats gezogen werden müssen. Auch nach der Feststellung, dass man mit den vorhandenen Ideen nicht zur Lösung kommt, werden die angenommenen Regeln nicht betrachtet, hinterfragt und geändert. Die anderen beiden Aufgabenstellungen funktionieren nach dem gleichen Prinzip: Jeder geht davon aus, dass die Regeln der ersten Aufgabe auch für die nachfolgenden gelten.

Obwohl sie nicht formuliert wurden, wird die Wahrnehmung so kanalisiert, dass keine Lösung möglich scheint. Wird diese eine Regel außer Kraft gesetzt, ist ein Lösen des Problems relativ einfach.

Wenn Sie die Aufgabe richtig gelesen haben, werden Sie merken, dass die Lösung im Weglassen von Bedingungen liegt.
Im zweiten Fall dürfen Sie den Stift absetzen,
im dritten Fall ist auch keine Rede mehr davon, dass die Linie gerade sein muss.

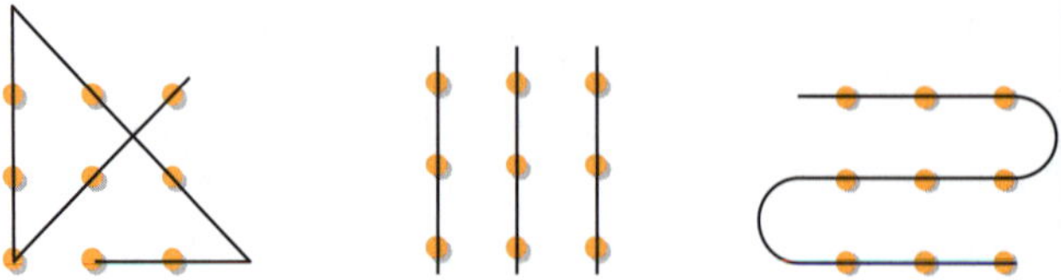

Bild 7: *Die Lösung des Neun-Punkte-Problems*

Unternehmerische Probleme stellen sich in der Regel weit komplexer dar. Umso wichtiger ist es, sich mit der Struktur eines Problems, seiner eigenen Wahrnehmung und der Art der benötigten Lösung auseinander zu setzen.

2.7 Der kreative Prozess

Von den zahlreichen Phasenschemata, die zum kreativen Prozess entwickelt wurden, ist das 4-Phasen-Schema das verbreitetste. Es unterteilt den kreativen Prozess in vier grundsätzliche Phasen (Bild 8).

Bild 8: *Der kreative Prozess*

Quelle: Schlicksupp, H.: Innovation, Kreativität und Ideenfindung, 6. Auflage, München 2004.

2.7.1 Phase 1: Vorbereitung

Diese Phase beginnt mit dem Bewusstwerden, dass ein Problem existiert. Nach dem Erkennen des Problems folgt eine intensive Analyse. Zusammenhänge müssen transparent gemacht werden, die Person dringt tiefer in die Problemstruktur. Die Aufarbeitung des relevanten Wissens und auch die Entwicklung erster Teillösungen führt in der Regel noch nicht zu einem befriedigenden Ergebnis. Es entsteht der Eindruck, dass dieses Problem nicht oder nur durch weitergehende Studien zu lösen sei. Problemdruck und Frustrationsgefühle steigen. In dieser Phase wird hauptsächlich das linkshirnige Denken eingesetzt.

2.7.2 Phase 2: Inkubation

Trotz intensiver Problembearbeitung ist keine Lösung in Sicht – im Gegenteil. In dieser Phase bietet es sich an, entspannende Aktivitäten auszuüben, das zu lösende Problem zur Seite zu legen, sich mit etwas anderem zu beschäftigen. Das gelingt nach aller Erfahrung nur teilweise: Das Problem wird an das Unterbewusstsein abgegeben. Die nun im Unterbewusstsein ablaufenden Gedankenprozesse bringen sämtliche Informationen und bisherigen Erkenntnisse über das Problem mit anderweitig gemachten Erfahrungen in Verbindung.

Die rechte Gehirnhemisphäre hat bei diesem Teil des Problemlösungsprozesses einen starken Anteil. Verschiedene Denkinhalte und problemfremde Wissensbereiche werden nach ähnlichen und übertragbaren Mustern durchsucht (siehe hierzu den Abschnitt „Was ist kreatives Denken?“). Diese Prozesse werden in Gang gesetzt, wenn man sich nicht mehr bewusst (und eventuell mit viel Stress und Ängsten) mit dem eigentlichen Problem beschäftigt. Während bei bewussten Denkvorgängen nur etwa sieben Informationseinheiten zur Lösung mit einbezogen werden können, kommt es in dieser Phase durch die simultane und ganzheitliche Nutzung der linken und rechten Hemisphäre des Gehirns zur gleichzeitigen Verarbeitung von zahlreichen Informationen und Daten aller Art. Freilich ist das Ergebnis noch ungewiss.

2.7.3 Phase 3: Erleuchtung

Plötzlich steht die Idee für das Problem, eine intuitive Einsicht, im Raum. Vage, ungefähre Vorstellungen, wie die Lösung des Problems aussehen könnte, ergeben sich in dieser Phase. Die Idee erscheint häufig noch schemenhaft, wenig detailliert, möglicherweise visionär anmutend. Leicht werden solche „Gedankenblitze" ignoriert sowie rasch wieder vergessen und verworfen. Dabei entstehen die meisten Ideen außerhalb des Arbeitsplatzes, beispielsweise in der Natur, während Freizeitaktivitäten oder beim Autofahren. Man muss also wachsam sein, damit die Lösung nicht wieder verschwindet. Es ist auch möglich, dass die Lösung des Problems geträumt wird, unter Umständen auch verschlüsselt.

2.7.4 Phase 4: Verifikation

Als Erstes sollte eine neue Idee niedergeschrieben werden. Dann beginnt die Überprüfung, ob die Idee den Anforderungen genügt, sie entwicklungsfähig ist. In dieser Phase können die allgemein bekannten Möglichkeiten der Ideenbewertung angewandt werden. Hierfür wird wieder die eher sequenziell, analytisch arbeitende linke Gehirnhälfte genutzt.

Wichtig:

Häufig sind die Entscheidungsprozesse in Unternehmen so strukturiert, dass die erste Phase, die Vorbereitung, und die vierte Phase, die Verifikation, intensiv und strukturiert durchlaufen werden. Die zweite Phase, die Inkubation, sowie die dritte Phase, die Erleuchtung, werden durch die Strukturen im Unternehmen häufig nicht oder zu wenig gefördert.

2.8 Wo bekommen Menschen kreative Einfälle?

Verschiedene Studien zeigen, dass die meisten Menschen ihre kreativen Ideen nur zu einem geringen Prozentsatz am Arbeitsplatz entwickeln. Dort werden die meisten Ideen in „langweiligen" bzw. „anstrengenden" Sitzungen produziert. Demgegenüber entstehen über 75 % neuer Ideen *außerhalb* des Unternehmens. Den weitaus größten Anteil haben dabei Aufenthalte in der Natur und bei Tätigkeiten im Spiel, Sport sowie beim Hobby.

Der geringe Prozentsatz an Ideen, die während der Arbeitszeit generiert werden, zeigt, dass Unternehmensstrukturen bislang offensichtlich wenig kreativitätsfördernd sind. Zwar wird bei Problemen meistens eine intensive Problemlösungssuche betrieben, aber die reine Problemdurchdringung und -betrachtung bringt nicht immer eine adäquate Lösung hervor. Das Ergebnis: Die Problemursachen werden nicht nachhaltig beseitigt. Das Problem tritt nach einiger Zeit wieder auf.

Erst wenn sich nicht mehr intensiv mit einem Problem befasst und Ablenkung bzw. ein stressfreies Umfeld gesucht wird, scheinen Mitarbeiter jene Ruhe und Entspannung zu finden, welche die Inkubations- und Erleuchtungsphase begünstigen (siehe hierzu den Abschnitt „Der kreative Prozess"). Auch die Konfrontation mit neuen Eindrücken kann das Hervorbringen innovativer Ideen begünstigen.

2.9 Der Einfluss der Unternehmensstrukturen

Chancen müssen heute schnell entdeckt, Probleme erfolgreich erkannt und gelöst werden. Es kommt nicht mehr nur darauf an, „die Dinge richtig zu tun", sondern auch „die richtigen Dinge eher zu tun als der Wettbewerber". Dazu ist ein „Prozess des Vorausschauens" notwendig. Dieser erfordert Unternehmensstrukturen, die es den Mitarbeitern ermöglichen, sich eine „grenzenlose, tiefe Neugier" anzueignen, um dann innovativ tätig zu werden.

Dabei kommen der Flexibilität und Kreativität der Mitarbeiter entscheidende Bedeutung zu. Gemessen an der Wahrnehmungsfähigkeit des einzelnen Mitarbeiters, seiner potenziellen Kreativität und seinen Fähigkeiten, wirken Unternehmen für einen Außenstehenden eher träge. Die Problematik der Schwerfälligkeit von Organisationen kann vereinfachend mit Hilfe des Eisbergprinzips (Bild 9) dargestellt werden.

Unser Verhalten wird bestimmt durch *formale, materielle Aspekte* einerseits sowie durch *ungeschriebene Gesetze und Mythen* andererseits.

Dabei stellen die formalen Aspekte im Unternehmen nur einen kleinen Teil dar. Sie zielen auf nur etwa 10 % der Gesamtkapazität eines Menschen, da nur ein Zehntel des Potenzials dem logisch-rationalen Teil, dem Verstand zugerechnet werden. So wichtig diese Aspekte sind, in vielen Punkten hemmen sie unnötigerweise die Kreativität der Mitarbeiter.

Bild 9: *Das Eisbergprinzip*

Quelle: Schaar, H.: Die Schlanke Unternehmensentwicklung unter den Aspekten des TQM, in: Die Hohe Schule des TQM, hrsg. v. Kamiske, G.F., Berlin 1994.

Sie verhindern quasi den möglichen Erfolg des Unternehmens. Immerhin ist dieser Bereich aber relativ leicht aufzudecken und somit auch veränderbar.

Komplizierter verhält es sich mit den Aspekten, die im unteren Bereich des Eisberges angesiedelt sind und damit – bildlich gesprochen – unter dem Wasser verborgen sind. Es sind Aspekte wie der vorherrschende Führungs- und Kommunikationsstil, das gelebte Leitbild, die ungeschriebenen Werte der Unternehmenskultur u.Ä. Obwohl sie von außen nicht direkt sichtbar und auch den Mitarbeitern meist nicht bewusst sind, bestimmen sie in großem Maße die Handlungen der Beschäftigten und damit auch ihre Kreativität. Diese Aspekte beeinflussen zu 90% die Leistungsfähigkeit eines Menschen. Sie zielen auf das Unterbewusstsein, die Gefühle und die Intuition.

Wie die beiden Teilbereiche auf die Kreativität der Mitarbeiter einwirken, zeigt eine Untersuchung von *Schlicksupp*, die zwischen psychologischen und soziologischen Blockaden unterscheidet:

Soziologische Blockaden:

- Zu viele Komitees und Gremien.
- Zu viele Routinearbeiten; wenig Zeit für schöpferische Tätigkeiten.
- Bürokratische Starrheit, viele Vorschriften, strenge Instanzenwege, Anonymität.
- Mangelnde Objektivität durch Interessenkonflikte und Rivalitäten.
- Kritik und Zweifel durch Dritte.
- Wenige Möglichkeiten zu Gedankenaustausch und Teamarbeit.
- Mangelnde Anerkennung neuer Ideen.
- Tabus; heilige Kühe; Traditionen.
- Zu hoch vorgegebene Ziele und Anforderungen.

Psychologische Blockaden:

- Suche nach dem absolut Richtigen.
- Neigung zu gewohnten Vorgehensweisen.
- Zu schnelle Meinungsbildung.
- Hemmungen, sich zu äußern.
- Enttäuschungen, Resignation.
- Neigung, anderen nachzugeben.
- Zufriedenheit mit dem Erreichten.
- Zu wenig Vertrauen in die eigenen Fähigkeiten.

2.10 Die kreative Führung

Um Kreativität und Innovation im Unternehmen zu fördern, reicht es weder, Kreativität von den Mitarbeitern zu fordern, noch seine Mitarbeiter in der Anwendung der Kreativitätswerkzeuge zu schulen. Das Führungsverhalten, das im Unternehmen herrscht, hat eine große Bedeutung für Kreativität im Prozess der erwünschten ständigen Verbesserung und für Innovation (siehe näher Pocket Power „Total Quality Management“). In der Praxis lassen sich in Bezug auf die Kreativität vier Formen der ungewollten Anpassung der Mitarbeiter an ungewünschte, aber nicht beeinflussbare Situationen beobachten:

- *Verdrängung von Ideen und Bedürfnissen:* Der Mitarbeiter resigniert und betrachtet seine Kreativität als wirkungslos und sogar als Hemmnis zur größeren sozialen Anerkennung.
- *Regression:* Der Mitarbeiter zieht sich auf andere Ebenen der Äußerungsmöglichkeiten zurück, bedient sich des Witzes, um ungewöhnliche Ideen äußern zu können.
- *Sublimierung:* Da die Kreativität nicht am Arbeitsplatz ausgelebt werden kann, sucht sich der Mitarbeiter andere Betätigungsfelder, z.B. in der Freizeit, um so eine Kompensation zu schaffen.
- *Rationalisierung:* Das geänderte Verhalten wird rationalisiert, d.h. glaubhaft begründet, entgegen ursprünglicher Motive.

Die Folge ist, dass Mitarbeiter weniger leisten, als sie könnten, und keine Versuche mehr unternehmen, kreative Eigenleistung in das Unternehmen einzubringen. Problematisch bei der aus Sicht der Mitarbeiter unverständlichen

Zurückweisung von kreativen Ideen ist, dass Zurückweisungen von den Mitarbeitern in die Zukunft hinein generalisiert werden. Kreativität wird als unerwünscht wahrgenommen – erlernte Hilflosigkeit macht sich im Unternehmen breit.

Ein zentraler Punkt zur Steigerung der Kreativität ist daher die Schaffung eines kreativitätsfördernden, gleichsam qualitätsorientierten Klimas. Dazu gehören eine offene Kommunikation sowie das Mitwirken des Topmanagements als Vorbild im Innovationsprozess. Kreativität und Innovation sollten einen hohen Stellenwert erhalten.

Das Setzen herausfordernder Standards ist zum Ansporn der Leistungsfähigkeit der Mitarbeiter wichtig; gleichzeitig muss es eine Toleranz gegenüber Fehlschlägen geben (es gibt keine Fehler, sondern Gelegenheiten, Erfahrungen zu sammeln). Dies nimmt Mitarbeitern ihre Ängste.

Jobrotation, Fort- und Weiterbildungsmöglichkeiten fördern ein kreatives Verhalten von Mitarbeitern. Gleiches gilt für eine ausreichende Informationsversorgung (auch bei nicht unmittelbar erkennbarem Nutzen) und eine offene Kommunikation mit hoher Kommunikationsdichte. Daten sollten transparent und für jeden zugänglich sein. Um die „Denkregeln“, die im Unternehmen angewendet werden, zu erweitern, sollte die Unternehmensführung die Mitarbeiter zu unkonventionellem Denken ermutigen und offen für Neuerungen sein. Kreativitäts- und Moderationstrainings führen zu deutlicher Kreativitätssteigerung im Unternehmen.

Ideen sind zum Scheitern verurteilt, wenn Mitarbeiter keine Ansprechpartner für ihre Vorschläge finden. Um die Strukturen für innovative Ideen durchlässiger zu machen, ist es sinnvoll, sog. Förderer in Form von Sponsoren oder Paten einzusetzen. Das ermöglicht, dass ein Ideenträger auch außerhalb des hierarchischen Gefüges auf informellen Wegen mit „Ideendurchsetzern“ in Kontakt treten kann. Das in der Regel anonyme betriebliche Vorschlagswesen kann Ergebnisse der Kreativität, sofern der Nährboden hierfür aufbereitet wurde, ebenfalls kanalisieren.

Auch die für den kreativen Prozess wichtigen Aspekte „Entspannung“ und „Abstandgewinnung“ sollten im Unternehmen gefördert werden, z. B. durch Einführen des Prinzips „Überschlafen“ eines Problems. Das bedeutet, dass Problemdurchdringung und die Lösungssuche systematisch „verschoben“ werden, um den Erfordernissen des kreativen Prozesses zu genügen.

Die Einrichtung von „Kreativräumen“, in die sich Mitarbeiter zurückziehen können, wenn es um die Suche nach neuen Ideen geht, kann sehr nützlich sein.

Die Existenz einer gewissen Distanz zu den Problemen und Aufgaben hat man auch bei der Untersuchung von Lebensläufen kreativer Persönlichkeiten festgestellt. Diese Distanz schlägt sich auch im kreativen Prozess in der Inkubationsphase nieder.

Für die Unternehmenspolitik ergeben sich daraus drei bedeutsame Fragen:

- Toleriert die Unternehmenskultur die Abweichung von der Tradition und dem Status quo, oder besteht man auf Konformität?
- Gestattet die Kultur dem Individuum neue (der bisherigen Unternehmenssicht widersprechende) Erfahrungen zu sammeln?
- Bis zu welchem Grad akzeptieren oder belohnen die Entscheidungsträger die kreativen Erlebnisse der Mitarbeiter?

Im Folgenden sind beispielhaft Ansätze zur Förderung von Kreativität und Innovation dargestellt:

Wie 3M die Kreativität fördert

- *15-Prozent-Regel:* eine langjährige Tradition, die es Mitarbeitern erlaubt, bis zu 15 Prozent ihrer Zeit an Projekten ihrer eigenen Wahl zu arbeiten (Ziel: Förderung des Innovationsdrangs der Mitarbeiter).
- *25-Prozent-Regel:* Jeder Geschäftsbereich soll 25 Prozent seines Jahresumsatzes mit Produkten erwirtschaften, die nicht länger als fünf Jahre auf dem Markt sind (Ziel: Förderung der Entwicklung von Neuprodukten).
- *Golden-Step-Auszeichnung* für Mitarbeiter, die neue Ideen erfolgreich umgesetzt haben (Ziel: Förderung von internem Unternehmertum).
- *Technische Foren*, auf denen Mitarbeiter von *3M* Referate halten und sich gegenseitig über neue Ergebnisse informieren (Ziel: gegenseitige Förderung und Information).
- *Genesis Grants:* Wagniskapitalfonds, aus dem Mitarbeiter bis zu € 40 000 erhalten, um Prototypen entwickeln und Markttests durchführen zu können (Ziel: Förderung von Innovationen).
- *Frühzeitige Beteiligung* (seit 1937) der Mitarbeiter am Gewinn (Ziel: Förderung des Bewusstseins der Mitarbeiter, einen individuellen Beitrag zum Unternehmenserfolg zu leisten).

3 Die Sieben Kreativitätswerkzeuge (K7)

3.1 Einsatzgebiete der K7

Kreativitätswerkzeuge können in allen Bereichen wie Forschung & Entwicklung, Marketing, Produktionsplanung, Beschaffungswesen, Fertigung und Montage, aber auch in der Unternehmensplanung, in Organisation und Personalwesen und im Qualitäts- und Rechnungswesen eingesetzt werden. Die vorgestellten Sieben Kreativitätswerkzeuge (K7) sind so zusammengestellt, dass sie sich für alle Situationen eines Unternehmens eignen, in denen neue Ideen gesucht werden.

Die Sieben Kreativitätswerkzeuge (K7) stellen eine Ergänzung der Qualitätstechniken, besonders der Sieben Qualitätswerkzeuge (Q7) sowie der Sieben Managementwerkzeuge (M7), dar (siehe zu diesen Pocket Power „Qualitätstechniken"). Sie unterstützen besonders Tätigkeiten in der Definitions- und Entwicklungs- sowie der Entwicklungs- und Produktionsplanungsphase, aber auch den Prozess der ständigen Verbesserung (KVP, KVP^2) (Bild 10).

Obwohl sich die K7 in zahlreichen Anwendungen bewährt haben, sind sie keine Garantie für die sofortige Entdeckung einer herausragenden Lösung. Erst mit zunehmender Anwendungshäufigkeit werden die Ergebnisse qualitativ besser. Das ist darauf zurückzuführen, dass die K7 die Intuition fördern sowie die Fähigkeit haben, stockende Ideenflüsse wieder in Gang zu setzen. Ähnlich den meisten Sportarten muss das freilich trainiert werden.

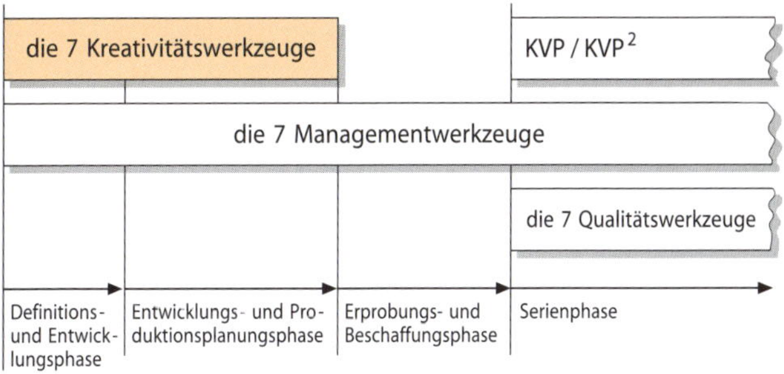

Bild 10: *Einsatzgebiete der K7, M7 und Q7 im Produktentstehungsprozess*

3.2 Welche Probleme lassen sich mit den K7 lösen?

Probleme lassen sich in fünf Problemgruppen einteilen (Bild 11). Diese Gruppen gehören jeweils zwei verschiedenen Kategorien an, den (gut) strukturierten und den (schlecht) unstrukturierten Problemen.

(Gut) Strukturierte Probleme haben den Charakter einer Aufgabe. Zu ihnen gehören Auswahl- und Konsequenzprobleme.

Auswahlproblem:

Bei einem Auswahlproblem werden Alternativen nach bestimmten Kriterien auf ihren Nutzen für ein vorgegebenes Ziel hin untersucht.

Konsequenzproblem:

Bei Konsequenzproblemen wird durch die Befolgung erkannter Gesetzmäßigkeiten das Problem bzw. die Aufgabe gelöst.

Entwicklung einer Arbeitsleuchte		
Problemgruppe	**Beispiel**	**K7-Einsatz sinnvoll?**
Analyseproblem	Welche Funktionen (z.B. Verstellbarkeit, Helligkeit u.a.) soll die Leuchte erfüllen?	+
Suchproblem	Welche lichterzeugenden Quellen können benutzt werden?	+
Konstellationsproblem	Konzeption einer Vorrichtung zur flexiblen Positionierung	+
Konsequenzproblem	Berechnung des Wirkungsgrades der Lichtquelle	–
Auswahlproblem	Welche der verschiedenen Materialien sind im Hinblick auf Temperaturfestigkeit und Kosten optimal?	–

Bild 11: *Problemtypen und der Einsatz von Kreativitätswerkzeugen*

Quelle: Schlicksupp, H.: Innovation, Kreativität und Ideenfindung, 6. Auflage, München 2004.

Beispiel für gut strukturierte Probleme ist die Berechnung des Wirkungsgrades einer Maschine oder die Ermittlung der Statik eines Gebäudes. Merkmal für strukturierte Probleme ist die Kenntnis aller Elemente des Problembereiches. Dadurch wird der Problemlösungsprozess logisch, sicher und ist systematisch ausführbar. Häufig existiert nur eine Lösung, die als Optimum gelten kann. Für diese Art von Problemen existieren eine Reihe von Problemlösungswerkzeugen (z.B. die Netzplantechnik, das Berechnen, der Projektplan u.a.).

Für die Lösung derartiger Probleme ist Kreativität im engeren Sinne nicht notwendig.

Schlecht strukturierte Probleme lassen sich in die drei Gruppen Analyse-, Such- und Konstellationsprobleme unterteilen.

Analyseproblem

Bei einem Analyseproblem besteht die Schwierigkeit im Erkennen der Problemstrukturen, z.B. in Form von Ursachen, und ihr Zusammenwirken untereinander. Ohne gründliche Analyse eines Problems ist eine befriedigende Lösung kaum möglich.

Suchproblem

Wenn die Schwierigkeit darin besteht, bestimmte Lösungen aus einem bereits existierenden Lösungsraum zu selektieren, handelt es sich um ein Suchproblem. Ein Suchvorgang geschieht mit Hilfe von Suchkriterien, die durch die Definition des Problems vorgegeben sind. Schwierigkeiten bereiten teilweise die (nie vollständig erfassbare) Fülle der angebotenen Möglichkeiten und deren Kombinationen.

Konstellationsprobleme

Bei Konstellationsproblemen geht es um die Anpassung vorhandenen Wissens an neue Gegebenheiten.

Allgemein lässt sich sagen, dass bei schlecht strukturierten Problemen nicht alle Problemelemente bekannt und Gesetzmäßigkeiten nur begrenzt erkennbar sind. Das macht eine eher intuitive, ungerichtete Suche nach Lösungen notwendig.

Für den beruflichen Alltag ist es zweckmäßig, zwischen gut und schlecht strukturierten Problemen zu unterscheiden, da sie mit verschiedenen Werkzeugen bearbeitet werden müssen. Die K7 setzen bei den schlecht strukturierten Problemen an.

3.3 Prinzipien (Suchregeln) kreativer Problemlösung

Um Problemlösungen im Unternehmen zu verbessern, gibt es neben den schon erläuterten Erkenntnissen Prinzipien (sog. Suchregeln), welche die Wahrscheinlichkeit, neue Lösungen zu finden, erhöhen:

- *Systematische Zerlegung* von Problemen in ihre Einzelbestandteile. Ziel: Systematische Strukturierung erreichen.
- *Abstrahierung* vom Ursprungsproblem. Ziel: Eine eindeutige Problemdefinition erreichen.
- *Bildung von Analogien.* Ziel: Auch in anderen Wissens- und Erlebnisbereichen können Lösungen für ein Problem liegen.
- *Anknüpfung und Assoziation.* Ziel: Möglichst viele verwertbare Ideen durch einen ungehinderten Gedankenfluss erreichen.
- *Bildliches Denken.* Ziel: Das Leistungsvermögen der rechten Gehirnhälfte nutzen. Hinweis: Gut visualisierte Probleme lassen sich einfacher lösen.
- *Wechsel der Perspektive.* Ziel: Durch die Einnahme einer anderen Sichtweise zu einer veränderten Wahrnehmungen alter Probleme gelangen.

Tipps für den Einsatz der K7:

- Eignen Sie sich Kenntnisse über Ablauf und Wirkung der Methoden an.
- Betrachten Sie die Methoden als integralen Bestandteil des menschlichen Denkens, das beeinflusst wird durch das Verhalten und die Einstellungen.
- Häufige Anwendung ist notwendig, um die neuen Fähigkeiten auszubilden und zu fördern.

- Unterschiedliche Probleme müssen mit unterschiedlichen Techniken bewältigt werden.
- Mitarbeiter sollten in der Anwendung der Kreativitätswerkzeuge geschult werden.
- Genügend Mitarbeiter sollten die Grundlagen des Moderierens beherrschen.
- Persönliche Widerstände gegenüber Kreativitätswerkzeugen aus Unkenntnis, Ängsten und Egoismen müssen überwunden werden.
- Achtung vor Einzelinitiativen! Die Anwendung der Werkzeuge sollte durch organisatorische Maßnahmen abgesichert sein.
- Führungskräfte sollten Wirkungsweise und Ziele der Werkzeuge einschätzen können, um die Anwendung glaubwürdig fördern zu können.
- Die Erwartungen an die Möglichkeiten der Werkzeuge sollten realistisch, d.h. nicht übertrieben eingeschätzt werden.

3.4 Auswahl der Kreativitätswerkzeuge

Jedes der vorgestellten Werkzeuge beruht auf einem anderen Prinzip, das für die Ideenfindung nützlich ist.

Die K7

Zur Erweiterung: *Osborn-Checkliste*
Zur Strukturierung: *Mind-Mapping*
Zur Abstraktion: *Progressive Abstraktion*
Zur Zerlegung: *Morphologischer Kasten*
Zur Anknüpfung: *Methode 635*
Zum Perspektivwechsel: *6-Hüte-Denken*
Zur Konfrontation: *Reizwortanalyse*

Zusätzlich wird ein grundlegendes „klassisches" Kreativitätswerkzeug den Erläuterungen der K7 vorangestellt. Es kann als Grundlage für die Anwendung der K7 insgesamt gelten.

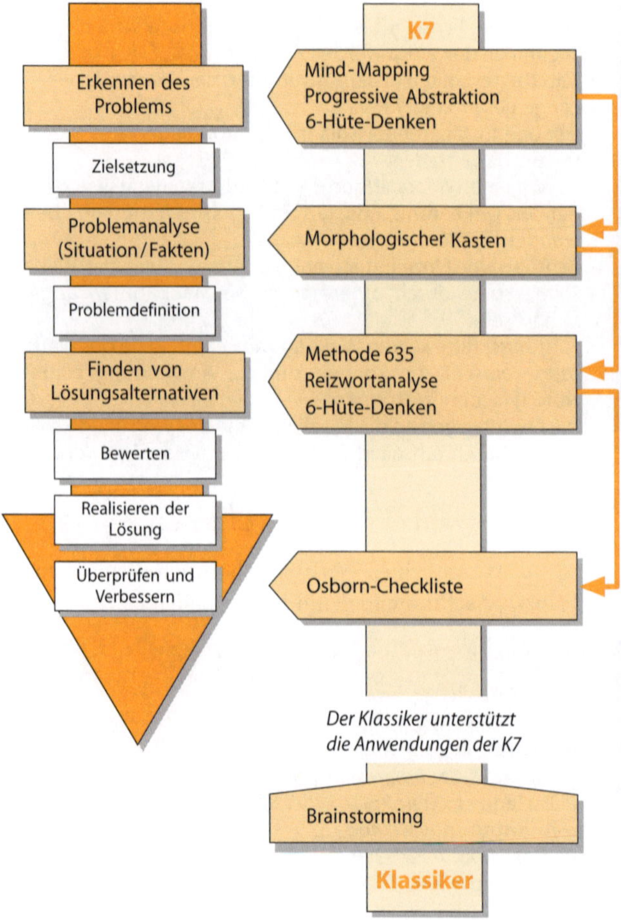

Bild 12: *Kreativitätswerkzeuge im Problemlösungsprozess*

Der Klassiker

Zur Ideensammlung: *Brainstorming*

Die Kreativitätswerkzeuge sind für den Einsatz in unterschiedlichen Schritten des Problemlösungsprozesses konzipiert (Bild 12):

- Problemerkennung
- Problemanalyse
- Erarbeitung und Verbesserung von Lösungsalternativen

In Bild 13 ist die Eignung der K7 und des Klassikers im Hinblick auf zu lösende Problemgruppen dargestellt (siehe hierzu auch Bild 11). Die Matrix kann als Auswahlhilfe zur problemspezifischen Anwendung der Kreativitätstechniken dienen.

	Analyse-probleme	Such-probleme	Konstellations-probleme
Brainstorming		●	●
Osborn-Checkliste		●	
Mind-Mapping	●	●	
Progressive Abstraktion	●		
Morphologischer Kasten		●	●
Methode 635		●	
6-Hüte-Denken	●	●	
Reizwortanalyse			●

Bild 13: *Auswahlmatrix zur Anwendung der Kreativitätstechniken für eine spezifische Problemgruppe*

Um die Auswahl eines Kreativitätswerkzeuges weiter zu vereinfachen, sind die wichtigsten Charakteristika jedes Werkzeuges in Bild 14 vergleichend aufgelistet.

Anwendungsmerkmale der K7	Schwierigkeitsgrad	Moderation	Protokollierung	Dauer	Einzelarbeit	Materialintensivität
Brainstorming	2	2	3	1		1
Osborn-Checkliste	2	3	2	2	X	1
Mind-Mapping	2	3	1	1/2	X	1/2
Progressive Abstraktion	3	3	3	2	X	1
Morphologischer Kasten	3	3	1	2–3	X	2
Methode 635	1	1	1	1		1
6-Hüte-Denken	2	2	3	1–2	X	2
Reizwortanalyse	1	3	2	2		2
Legende:	1 = leicht 3 = schwierig	1 = kaum nötig 3 = schwierig	1 = automatisch 3 = schwierig	1 = 1/2 h, 2 = 2–3 h 3 = bis > 1 Tag	x = auch in Einzelarbeit möglich	1 = kaum Material 3 = viel Material

Bild 14: *Anwendungsmerkmale der K7 im Vergleich*

(In Anlehnung an Schlicksupp, H.: Innovation, Kreativität und Ideenfindung, 6. Auflage, München 2004.)

- Liegen nur wenige Erfahrungen mit der Anwendung von Kreativitätswerkzeugen vor, sollten zuerst Methoden wie *Brainstorming, Methode 635* oder *Reizwortanalyse* Anwendung finden.
- Der *Morphologische Kasten* unterstützt besonders die Diskussion unter Fachleuten zu spezifischen Problemstellungen, während sich alle anderen Werkzeuge auch für heterogen, interdisziplinär zusammengesetzte Gruppen eignen.
- Sind Spannungen und Konflikte unter den Teilnehmern einer Arbeitsgruppe zu erwarten, ist es sinnvoll, mit einem schriftlichen Werkzeug, z.B. *Methode 635,* zu arbeiten oder die Technik des *6-Hüte-Denkens* einzusetzen.
- Für die Anwendung der Werkzeuge in der Gruppe sollten Flipchart und/oder Pinnwände sowie ein Overheadprojektor bereitstehen.
- Für die Gruppengröße ist auf Folgendes hinzuweisen: Für die Aufstellung eines *Morphologischen Kastens* sollte die Gruppe (ein bis vier Personen) eher kleiner sein. Alle anderen Kreativitätswerkzeuge können in einer Gruppenstärke von fünf bis acht Personen praktiziert werden.

Durch den Pocket Power-Band „Kreativitätstechniken" soll in drei Teilschritten eine schnelle Anwendung der Werkzeuge ermöglicht werden.

Der Unterpunkt **„Worum geht es?"** erläutert knapp Herkunft, Prinzip und Wirkweise der Kreativitätstechnik. Das Wissen um die Wirkweise nutzt Ihnen als Anwender, um die jeweilige Technik noch bewusster und effizienter zum Einsatz zu bringen und je nach Problemstellung Alternativen zu überlegen. Für Fortgeschrittene ermöglicht das Verständnis der Wirkweise ein Weiterentwicklung vorhandener Methoden und das „Erfinden" von neuen Kreativtechniken, die auf den vorhandenen Prinzipien basieren. **„Was bringt es?"**

verdeutlicht das Ziel und verweist auf Möglichkeiten und Grenzen der Werkzeuge. Die praktische Anwendung wird im Punkt **„Wie gehe ich vor?"** beschrieben. „Tipps" und „Hindernisse" sollen helfen, die Werkzeuge effizient anzuwenden. Unter dem Stichwort „Vertiefung" werden Variationsmöglichkeiten einzelner Werkzeuge erläutert.

3.5 Brainstorming (Klassiker)

WORUM GEHT ES?

Brainstorming, zu Deutsch etwa „Ideenwirbel", ist das älteste und auch bekannteste Kreativitätswerkzeug. Studien ergaben, dass *Brainstorming* in Unternehmen die am weitesten verbreitete Kreativitätstechnik ist. Bereits in den 40er-Jahren begann sich der Erfinder dieses Werkzeuges, Alex Osborn, mit den Gründen für das in Sitzungen auftauchende „negative Denken" zu beschäftigen. Er beschrieb, dass die Sitzungen häufig von einer Atmosphäre der Wörter „ausgeschlossen, unmöglich, nein und damit Schluss" geprägt sind. Das von ihm entwickelte Konzept der *Brainstorming*-Sitzung soll Blockaden auf der Suche nach neuen Ideen ausschalten und die Gruppenarbeit produktiver machen.

Brainstorming-Sitzungen fördern das intuitiv-schöpferische Denken der Gruppenteilnehmer und aktivieren das Unterbewusstsein. Durch die Gruppensitzung wird das Wissen mehrerer Personen für die Lösung des Problems und die daraus entstehenden Synergieeffekte genutzt. Die Einhaltung der *Brainstorming*-Regeln bewirkt, dass denkpsychologische Blockaden ausgeschaltet werden. Das Vermeiden negativer Kritik führt zur Erweiterung der Lösungsmöglichkeiten und Entwicklung freier Phantasie. Die Diskussion wird demokratisiert, da lange Debatten vermieden werden und so alle Personen zu Wort kommen können.

Dieser Wirkmechanismen bedienen sich ebenfalls in unterschiedlicher Weise die meisten anderen Kreativitätstechniken, bei denen das *Brainstorming* häufig auf bestimmte Aspekte oder Teilelemente eines Themenbereichs fokussiert wird (z.B. bei der *Methode 635*, der *Osborn-Checkliste*, der *Progressiven Abstraktion*, dem *6-Hüte-Denken* und der *Reizwortanalyse*).

WAS BRINGT ES?

Wahrscheinlich haben Sie das Grundprinzip des *Brainstorming* selbst bereits in Seminaren oder Meetings genutzt, ohne es unter diesem Begriff laufen zu lassen. Nämlich immer dann, wenn Sie sich in der glücklichen Lage befinden, in einer Gruppe gezielt Ideen und Vorschläge zu einer Frage sammeln zu können, ohne dass diese Ideen gleich „in Grund und Boden" kritisiert werden, macht sich der Effekt von *Brainstorming* bemerkbar: Die Teilnehmer trauen sich, auch unausgereifte oder unkonventionelle Ideen laut auszusprechen und inspirieren sich durch ihre Vorschläge gegenseitig, indem sie die Ideen der anderen aufgreifen und weiterentwickeln. Die konstruktive Atmosphäre wiederum beflügelt das eigene Denken und ermutigt alle, auch die „verrückteren" Ideen mitzuteilen.

Brainstorming kann für ein weites Spektrum an Problemen eingesetzt werden. Am besten eignet sich diese Technik jedoch für die Lösung von Suchproblemen. Diese sollten nicht zu komplex sein und konkret formuliert werden.

WIE GEHE ICH VOR?

Ablauf

Für eine *Brainstorming*-Sitzung ist es ratsam, einen Moderator und einen Protokollant hinzuzuziehen.

1) Vorbereitungsphase

- Erarbeiten Sie eine vorläufige Definition des Problems.
- Laden Sie die Teilnehmer ein: Die Teilnehmer sollten die Problemstellung vor der eigentlichen Sitzung erfahren. Ideal ist eine *Brainstorming*-Gruppe fünf bis sieben Personen stark. Ist die Gruppe kleiner, fehlt häufig das assoziative Potenzial. Bei einer zu großen Gruppe besteht die Gefahr des Durcheinanderredens. Es bilden sich dann Untergruppen; der Einzelne hat nicht genügend Gelegenheit, seine Ideen zu äußern. Empfehlenswert sind Gruppen, die aus einer Mischung von Fachleuten und Laien bestehen.
- Reservieren Sie einen Sitzungsraum! Die Sitzung selbst sollte an einem ruhigen Ort stattfinden.

2) Durchführungsphase

- Wenn Sie der Moderator sind: Eröffnen Sie die Sitzung und erläutern Sie die Grundregeln.
- Stellen Sie die Problemdefinition vor und lassen Sie sie von der gesamten Gruppe diskutieren.
- Erlauben Sie der Gruppe eine Analyse und ggf. Neuformulierung des Problems.
- Jetzt beginnt die eigentliche *Brainstorming*-Phase. Sie dauert ca. 20–40 Minuten.

- Lassen Sie alle Teilnehmer spontan Ideen zur Problemlösung äußern und sich dabei von den Ideen der anderen inspirieren!
- Geben Sie als Moderator bei nachlassendem Ideenfluss Impulse! Achten Sie darauf, dass die *Brainstorming*-Regeln eingehalten werden, dass alle Teilnehmer zu Wort kommen, durch Reizfragen der Ideenfluss angeregt wird und dass sich die Gruppe nicht zu weit vom Thema entfernt!
- Wenn Sie der Protokollant sind: Notieren Sie jede geäußerte Idee. Führen Sie die Liste für alle sichtbar, z. B. auf einer Overheadfolie, einem Flipchart oder an einer Pinnwand, damit die Teilnehmer auch auf schon länger zurückliegende Ideen wieder zugreifen können. Erfassen Sie **alle** Ideen! Es darf keine unberücksichtigt bleiben!
- Beenden Sie als Moderator die Sitzung erst dann, wenn Sie trotz verschiedener Reizfragen und Anregung der Teilnehmer keine weiteren Ideen stimulieren können.

3) Verarbeitungsphase

- An die eigentliche Sitzung schließt sich die Phase der Verarbeitung des Protokolls an: Gehen Sie das Protokoll noch einmal gemeinsam mit der gesamten Gruppe auf eventuelle Unklarheiten durch und ersetzen diese dann durch eindeutige Formulierungen.
- Legen Sie die Ergebnisliste den Sitzungsteilnehmern noch einmal vor, da diese häufig im Laufe des folgenden Tages weitere Ideen entwickeln. Das kann in einer zusätzlichen Rubrik aufgenommen werden.
- Danach müssen die Ideen sortiert und zusammengefasst werden. Erst in dieser Phase werden die Ideen bewertet.

- Die Bewertung kann durch Einteilung in vordefinierte Klassen erfolgen; sehr beliebt ist: „sofort umsetzbar", „gut, aber nicht sofort umsetzbar", „momentaner Nutzen nicht sichtbar".
- Lassen Sie die Ideen, die nicht sofort umgesetzt werden können, von den Teilnehmern unter der Fragestellung „Was könnten wir damit trotzdem anfangen?" und „Wie können die Ideen verbessert werden?" betrachten. Sie werden überrascht sein: Fast jede Idee hat ihren ganz spezifischen Nutzen. Diesen gilt es zu erkennen!

Regeln

Kernstück für das *Brainstorming* sind vier Grundregeln, die zwingend beachtet werden sollten und ohne die es nicht funktioniert:

- Keine Kritik.
  Die Regel *Keine Kritik* bedeutet, dass jegliche Kritik und Wertung der geäußerten Ideen auf eine spätere Phase verschoben wird. Dadurch wird der Ideenfluss nicht durch sog. „Killerphrasen" unterbrochen. Neben verbaler Kritik kann auch nichtverbale Kritik wie z.B. abschätzige Blicke oder demonstratives Abwenden die Kreativität behindern („Killerfaces").

Killerphrasen

- Das ist nicht neu. Das gab es schon.
- Das kann nicht funktionieren.
- Das haben wir schon probiert. Damals ging es auch nicht.
- Dafür haben wir keine Ressourcen.
- Wann war so etwas denn schon einmal erfolgreich?

- Dazu müssen wir zuerst die Menschen ändern.
- Ich kenne den Laden hier. Bei uns geht das nicht!
- Das hört sich aber sehr theoretisch an.
- Man darf doch nicht gleich alles über Bord werfen.
- Das können Sie doch nicht beurteilen.
- Wollen Sie sagen, dass wir bisher alles falsch gemacht haben?
- Wenn das so einfach wäre.
- Als Experte kann ich Ihnen sagen ...
- Ganz nett, aber unter Wirtschaftlichkeitsaspekten ...

Killerfaces

- Ungläubig schauen.
- Sich demonstrativ mit etwas anderem beschäftigen.
- Abschätzig lächeln.
- Abwinken.
- Demonstrativ abwenden, aus dem Fenster schauen.

▶ Quantität vor Qualität

Quantität vor Qualität bedeutet, dass es darauf ankommt, möglichst viele Ideen in kurzer Zeit zu sammeln. Je nach Problemstellung können während einer 20-minütigen Sitzung zwischen 50 und 100 Ideen produziert werden. Durch die Quantitätsregel werden die Teilnehmer spontaner, es werden mehr und ungewöhnliche Ideen hervorgebracht. Dadurch erhöht sich die Wahrscheinlichkeit von genügend guten Ideen.

▶ Freier Lauf der Fantasie und der Assoziationen

Freier Lauf der Fantasie und der Assoziationen bewirkt, dass Ideen ungezwungener hervorsprudeln. Diese Regel gibt den Teilnehmern die Sicherheit, dass ihre Anregungen willkommen sind. Ohne diese Regel besteht die Gefahr, dass bereits bekannte Lösungen geäußert werden, das Problem nicht mehr spielerisch und experimentell angegangen wird. Die Regel ermöglicht auch die Teilnahme von Laien an Sitzungen. Dies ist deshalb zweckmäßig, weil sie trotz (oder gerade wegen) fehlender Detailkenntnisse originelle und neue Anregungen einbringen können. Der Moderator sollte dabei darauf achten, dass gedankliche Ausflüge nicht zu weit und zu lange abschweifen. Vielmehr muss er die Gruppe nach einiger Zeit mit neuen Fragen auf die Ausgangsproblematik zurückdirigieren.

- Fremde Ideen aufgreifen und weiterentwickeln
  Fremde Ideen aufgreifen und weiterentwickeln fordert auf, mit den Ideen anderer Teilnehmer zu experimentieren. *Brainstorming* ist Teamarbeit und erlaubt deshalb keine „Urheberrechte". Stattdessen sollen durch Weiterentwicklung der Ideen anderer Synergieeffekte realisiert werden. Ziel ist es, aus einer zuerst geäußerten, unfertigen und so kaum zu nutzenden Idee durch Anfügen und Ergänzen eine brauchbare Lösung zu entwickeln.

Um die oben erwähnten „Killerphrasen" zu verhindern oder humorvoll abzumildern, können Sie

- präventiv „Killerphrasen" vorlesen und damit „den Wind aus den Segeln nehmen"
- eine Glocke auf den Tisch stellen, die jeder bei Nennung einer „Killerphrase" läuten darf, um den Störenfried zur Räson zu rufen
- jede „Killerphrase" sichtbar aufschreiben (Meckerecke)
- ein Killerphrasen-*Brainstorming* vor dem eigentlichen *Brainstorming* initiieren
- „Killerphrase" (spielerisch) ernst nehmen und präzise nachfragen, z.B. „Meinen Sie das ernst, was Sie soeben gesagt haben?" oder „Ist das tatsächlich Ihre Ansicht?". Dafür ist der Moderator in seiner neutralen Funktion zuständig.

- Selbst bei genauer Kenntnis der Regeln dauert es einige Zeit und Übung, bis die Teilnehmer aus ihren alten Denkbahnen ausbrechen.
- Hierarchische Unterschiede zwischen den Gruppenmitgliedern können zu starken Hemmungen unter den Teilnehmern führen.
- Auch eine zu dominante Fachautorität ist für eine Brainstorming-Sitzung hinderlich.
- Ungenügende Durchdringung des Problems und das Fehlen einer klaren, eindeutigen Zielformulierung behindern die Effizienz.
- Häufig wird die Sitzung aufgrund fehlender oder zu wenig ausgeprägter Moderation, doch zur Fachdiskussion missbraucht.
- Ideen werden nur wörtlich genommen, der symbolische Sinngehalt wird nicht betrachtet – symbolische Gedanken werden nicht geäußert.
- Die Brainstorming-Sitzung wird zu früh abgebrochen, ohne tatsächlich kreative neue Ideen gefunden zu haben. Untersuchungen haben gezeigt, dass die Ideenproduktion in mehreren Wellen abläuft (siehe Bild 15).

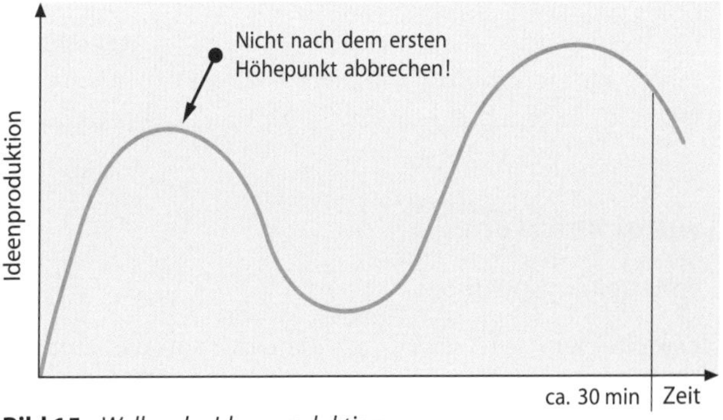

Bild 15: *Wellen der Ideenproduktion*

Quelle: Knieß, M.: Kreatives Arbeiten, München 1995.

Variation: Buzz-Sitzung

Für größere Gruppen empfiehlt es sich, mehrere Sechsergruppen zu bilden, die parallel für sechs Minuten intensiv Ideen für die Lösung eines Problems erörtern. Die Ergebnisse werden dann von einer Person jeder Gruppe im Plenum vorgestellt und anschließend mit allen Teilnehmern diskutiert. Bei Bedarf können weitere Runden mit weiteren Problemdetails anschließen. Durch die Mischung von Plenumsdiskussion und Kleingruppenarbeit kann die Gesamtteilnehmerzahl nahezu beliebig groß sein.

Vertiefung: Kopfstandmethode

WORUM GEHT ES?

Prinzip der Kopfstandmethode ist die Anregung der Kreativität durch eine paradoxe Aufgabenstellung. Man entfernt sich von der Aufgabenstellung, indem man sie verneint.

WAS BRINGT ES?

Die häufig vorhandene menschliche Neigung, erst einmal zu sehen, wie ein Problem sich nicht lösen lässt, wird so produktiv und zielgerichtet genutzt. Sie wird in der Praxis gerne angewendet.

WIE GEHE ICH VOR?

Vorbereitungsphase

Das Problem wird vorläufig definiert. Den Teilnehmern wird diese Fragestellung bei der Einladung mitgeteilt. Die optimale Gruppengröße liegt bei ca. 7. Empfehlenswert ist die Mischung von Fachleuten und Laien.

Durchführungsphase

- Eröffnung
  - Problemdiskussion, durch den Moderator
  - Ggf. Neuformulierung des Problems
  - Anschließend Negierung des Problems: Aus der Frage „Wie können wir die Zahl der Kunden um 10 % steigern?“ wird z. B. „Wie vergrätzen wir alle Kunden?“
- Kopfstandphase (ca. 20 Min.)
  Unter Einhaltung der *Brainstorming-Regeln* werden Ideen für die umgedrehte Fragestellung („Wie vergrätzen wir alle Kunden?“) entwickelt. Auf diese Weise kann man die Lust am Zerstören, Blockieren und Kritisieren produktiv nutzen.
  Sinnvoll ist die für alle Teilnehmer sichtbare Aufzeichnung auf Flipcharts.
- „Ideen auf die Füße stellen“ (ca. 20 Min.)
  Nun werden auf Grundlage der „Kopfstand“-Ideen Lösungsvorschläge für die Ausgangsfragestellung gefunden.

Verarbeitungsphase

Nun können die besten Ideen bewertet werden. Picken Sie dabei die Rosinen heraus. Mögliche Einteilung ist: „Sofort umsetzbar“; „Gut, aber nicht sofort umsetzbar“; „Momentaner Nutzen nicht sichtbar“. Wichtig ist auch, dass die Lösung emotional reizvoll ist.

3.6 Osborn-Checkliste

WORUM GEHT ES?

Zur Erweiterung des betrachteten Umfeldes eines Problems und dessen Lösung dienen Fragesequenzen. Osborn beobachtete folgendes Phänomen: Es zeigt sich, dass z.B. im Rahmen von Gruppenarbeit bei einem gegebenen Problem häufig nur einige wenige Aspekte betrachtet werden. Diese werden dann mit zahlreichen ähnlichen Ideen angereichert, die aber insgesamt kaum einen substanziell neuen Gesichtspunkt oder eine neue Lösung beinhalten.

WAS BRINGT ES?

Die Methode eignet sich vor allem zur Produkt- und Verfahrensentwicklung auf Grundlage eines bereits bestehenden Produktes bzw. Verfahrens. Die Fragen der *Osborn-Checkliste* dienen dazu, das kreative Denken gezielt in verschiedene, auch andersartige Bereiche zu lenken. Auf diese Weise werden Veränderungsmöglichkeiten eines Produktes oder Verfahrens systematisch ausgeleuchtet. Zudem wird verhindert, dass man sich frühzeitig mit einer gefundenen, vermeintlich neuen Lösung zufrieden gibt. Die *Osborn-Checkliste* liefert allgemeine Kategorien, um kreatives Denken zu fördern. Das Ergebnis ist eine Liste von Veränderungsmöglichkeiten.

Die *Osborn-Checkliste* eignet sich sowohl für Gruppenarbeit als auch für die individuelle Anwendung.

WIE GEHE ICH VOR?

Das Verfahren bei der *Osborn-Checkliste* ist den im Rahmen des kontinuierlichen Verbesserungsprozesses häufig benutzten Check- und Fragelisten sehr ähnlich. Die 3 MU-Checkliste, die 6 M-Checkliste oder die 6 W-Checkliste dienen der Förderung der Problemlösungsfähigkeit der Mitarbeiter in Bezug auf Qualitätsverbesserung bestehender Prozesse und Produkte (siehe Pocket Power „Total Quality Management"). Die Osborn-Checkliste soll hingegen den Blickpunkt auf die kreative Veränderung von Produkten und Verfahren richten. Sie besteht aus neun verschiedenen Kategorien.

Ablauf

Legen Sie mit den Teilnehmern fest, welches Produkt oder Verfahren verbessert werden soll.

1) Lassen Sie das Produkt oder Verfahren mit Hilfe der Fragen aus der Checkliste von Osborn systematisch auf Variationsmöglichkeiten untersuchen. Schreiben Sie Ideen und Veränderungsmöglichkeiten zunächst ohne Kritik und Überprüfung hinsichtlich der Durchführbarkeit nieder. Zur Protokollierung eignet sich gut ein Mind-Map an einer Pinnwand oder auf einem Flipchart.
2) Treffen Sie anschließend mit den Teilnehmern eine Auswahl der verwendbaren Lösungen. Die zunächst als nicht durchführbar gekennzeichneten Lösungen können Sie als Ideenanregung nutzen und bis zur Brauchbarkeit weiter verbessern.

Checkliste von Osborn

1) Zweckänderung

Wie kann man es alternativ verwenden? Wie kann man es nach Modifikation gebrauchen?

2) Adaption

Was ist ähnlich? Welche Parallelen lassen sich ziehen? Was ist kopierbar?

3) Modifikation

Hinzufügen von: Bedeutung, Form, Bewegung, Klang, Geruch

4) Vergrößerung

Was kann vergrößert werden? Höher? Länger? Dicker? Multiplizieren? Zusammenfügen? Verdoppelung? Mehr Zeit? Häufiger? Heller?

5) Verkleinerung

Was kann man weglassen? Kleiner? Kürzer? Tiefer? Aufteilen?

6) Substitutionen

Durch was ist es ersetzbar? Anderes Material? Ist der Prozess veränderbar? Anderer Standort?

7) Umgruppierung

Was lässt sich vertauschen? Andere Reihenfolge?

8) Umkehrung

Lässt sich positiv und negativ vertauschen? Verkehrung in das Gegenteil möglich? Rollen vertauschbar? Kann man Ursache und Folge vertauschen?

9) Kombination

Was lässt sich kombinieren? Sind Ideen oder Absichten kombinierbar?

- Sorgen Sie dafür, dass die einzelnen Unterpunkte nicht nur kurz überflogen werden, sondern jeweils in einer Art Kurz-*Brainstorming* auf Lösungsmöglichkeiten untersucht werden.
- Bei gewissenhafter Arbeit in einer Gruppe sollten Sie ideal mehrere Sitzungen ansetzen.
- Die *Osborn-Checkliste* ist sehr allgemein gehalten. Sie kann als Anregung für bestimmte Fachbereiche dienen, spezifische Fragenkataloge zu erstellen.

- Häufig wird die Bearbeitung der Liste schon bei der ersten brauchbar erscheinenden Lösung abgebrochen. Damit werden die Phasen der Ideengewinnung und der -bewertung nicht getrennt. Es wird die Chance vertan, vielleicht ein noch besseres Ergebnis zu erhalten.
- Die *Osborn-Checkliste* sollte nicht eingesetzt werden, wenn vollständig neue Lösungen erwartet werden bzw. erarbeitet werden sollen.
- Das gewissenhafte Durcharbeiten aller Fragen nimmt Zeit in Anspruch.

3.7 Mind-Mapping

WORUM GEHT ES?

Die Methode des *Mind-Mapping* wurde in den 70er-Jahren von *Buzan* entwickelt. Sie dient zum Strukturieren und Visualisieren von Problemstellungen. Nach aller Erfahrung neigt der Mensch dazu (auf Grund der Überbetonung des analytischen Denkens der linken Gehirnhemisphäre in unserer Umwelt), komplexe Themen sequenziell nacheinander von links oben auf einem Blatt Papier nach rechts unten zu entwickeln. Dies entspricht jedoch nicht der natürlichen Arbeitsweise des Gehirns.

Das *Mind-Mapping* verbindet die „logisch denkende" linke und die „bildhaft denkende" rechte Gehirnhälfte. Mit Hilfe von *Mind-Maps*, den Ergebnissen des *Mind-Mapping*, werden sprunghaftes Denken und Spontaneinfälle unterstützt. Gleichzeitig bieten *Mind-Maps* einen strukturierten Überblick komplexer Sachverhalte, in dem Zusammenhänge, Strukturen und deren Wirkrichtungen visuell dokumentiert werden.

Während einer kreativen Phase arbeitet unser Gehirn derartig schnell, dass wir nicht in der Lage sind, alle Gedanken, Bilder und Verknüpfungen verständlich formuliert festzuhalten – ganz im Gegenteil. Wir denken nicht in komplexen Formulierungen, sondern in Stichwörtern und assoziierten Bildern. Diese Tatsache entspricht der Struktur von *Mind-Maps*. Man kann sie deshalb als „Landkarte des Gehirns" bezeichnen.

Bisher wurde der Begriff *Mind-Mapping* nicht in die deutsche Sprache übersetzt. Vor allem deshalb, weil das englische Wort Mind sehr verschiedene, wesensverwandte Elemente enthält, wie beispielsweise Geist, Inspiration, Gedächtnis, Erinnerung, Assoziation, Gedankenarbeit. Diese Aspekte werden mit dem Werkzeug angesprochen.

WAS BRINGT ES?

Wenn *Mind-Maps* für die kreative Phase im Ideenfindungsprozess angewendet werden, besteht die Möglichkeit, besonders viele neue Ideen zu generieren. Während der Analysephase können diejenigen herausgefiltert werden, die weiterverfolgt werden sollen. Das Werkzeug lässt sich sowohl bei Analyse- und Such- als auch bei Konstellationsproblemen anwenden. Es fördert die gleichzeitige Nutzung beider Gehirnhälften, was dazu führt, dass verborgene Ideen zu Tage gefördert werden. Die spezielle Struktur eines *Mind-Maps* erlaubt es, sehr tief und grundlegend in einen Problembereich einzudringen und dennoch den Überblick zu bewahren. Das ergibt sich zum einen aus der Darstellungsart, zum anderen aus unterschiedlich detaillierten Abstraktionsebenen des Problems. Die Anwendung von *Mind-Maps* führt zudem zur Erweiterung des Wahrnehmungsbereiches eines Problemfeldes. Die chaotisch anmutende Anlage von Mind-Maps unterbindet eine starre Dokumentationsweise – wie sie z.B. durch Fließtext vorgegeben ist – und lässt einen freien Ideenfluss zu.

Bei welcher Gelegenheit kann Mind-Mapping angewendet werden?

Mind-Mapping ist ein sehr flexibles Werkzeug, das in allen Bereichen des beruflichen Alltags eingesetzt werden kann. Es unterstützt gleichzeitig die systematisch-analytische wie die intuitive Ideenfindung. Es eignet sich sehr gut für die Ideenentwicklung einer Einzelperson, aber auch als Protokollierverfahren in einer Gruppensitzung, z.B. an einer Pinnwand. Des Weiteren lassen sich Planungen leicht strukturieren und visualisieren. Neben der konkreten Unterstützung von Problemlösungen ist dieses Werkzeug auch gut geeignet, Gespräche, Telefonate und Präsentationen vorzubereiten. Zusätzlich schärft *Mind-Mapping* das Gedächtnis und erhöht das Konzentrationsvermögen.

WIE GEHE ICH VOR?

Ablauf

Die Struktur eines *Mind-Maps* lässt sich mit der Ansicht eines Baumes aus der Vogelperspektive beschreiben. Von einem Stamm in der Mitte führen einige Hauptäste ab, an denen wiederum zahlreiche kleine Zweige und Nebenzweige abgehen. In Bild 16 ist beispielhaft ein Mind-Map zur Problemstellung: „Welche Anforderungen soll ein ‚Pocket Power' erfüllen" dargestellt.

1) Den Ausgangspunkt bei einem *Mind-Map* bildet der Mittelpunkt eines Papierbogens. Für die Anwendung durch eine Einzelperson verwenden Sie am besten quergelegte DIN-A3-Bögen. So haben die Ideen genügend Raum, sich zu entwickeln. Für die Anwendung in der Gruppe empfehlen sich zwei aneinander gestellte Pinnwände. Sie ergeben eine genügend große Fläche für ein Gruppen-*Mind-Map*. Legen Sie in jedem Falle eine Anzahl verschiedenfarbiger Stifte bereit! Farben regen das Gehirn an und helfen dabei, am Ende die Übersicht zu behalten. Am Computer erstellte *Mind-Maps* sind für den Anfänger nicht empfehlenswert, da die Anregung des Gehirns durch Farben, die eigene Schrift und schnell gemalte, persönliche kleine Bilder und Symbole entfällt und ein Bildschirm eine höhere Distanz schafft als das Blatt Papier, das vor einem liegt.
2) Fixieren Sie in der Mitte des Kreises in möglichst knappen Worten das Thema bzw. die Problemstellung schriftlich.
3) Von dem Zentrum gehen Äste aus, die das Thema in einzelne Bereiche aufgliedern bzw. auffächern. Auf den Hauptästen stehen die Ideenbereiche.
4) Fügen Sie den Hauptästen beliebig viele Zweige und Nebenzweige an, die einzelne Ideen und Ideengruppen darstel-

len. Versehen Sie die Äste und Zweige mit entsprechenden Stichwörtern, Symbolen und kleinen Zeichnungen. Schreiben Sie auf keinen Fall ganze Sätze. Schlüsselwörter bzw. Stichwörter und Symbole sind ausreichend, um dem Gehirn die nötige Information für eine Idee zu geben. Das Gehirn verknüpft jedes Stichwort spontan mit bestimmten Gedankenbildern und Assoziationen. Durch das Weglassen von erklärenden Worten kann ein *Mind-Map* in kürzester Zeit komplexe Zusammenhänge visualisieren. Benutzen Sie individuelle Schlüsselwörter und Bilder. Das stellt sicher, dass Sie auch später mit den Begriffen Gedankenbilder und Ideen assoziieren. Beispiele für Symbole:
Zeit, Termine: 🕒
Aufpassen: ☝
Einspruch: ⚡
Zusammenhänge: ➔

5) Beschriften Sie die Hauptäste mit Blockbuchstaben, da diese auch noch über Kopf gelesen werden können. Als Faustregel gilt: Begriffe, die kürzer als zwanzig Buchstaben sind, werden von der rechten Gehirnhälfte im ersten Augenblick als Bild erfasst, nicht als Text. Verschiedene Farben können beim Gestalten von *Mind-Maps* nützlich sein, um eine Zugehörigkeit besser darzustellen oder wichtige Aspekte deutlicher herauszuheben.
6) Wenn Zweige später an andere Stellen verschoben werden sollen, können sie einfach mit einem „Lasso“ eingekreist und mit einem Pfeil verschoben werden. Bei Verwendung von Karten auf einer Pinnwand lassen sich diese ohnehin leicht umstecken.
7) Auswertung: Nachdem das *Mind-Map* entwickelt ist, können Sie durch Nummerierungen Prioritäten setzen und Reihenfolgen der Bearbeitung festlegen.

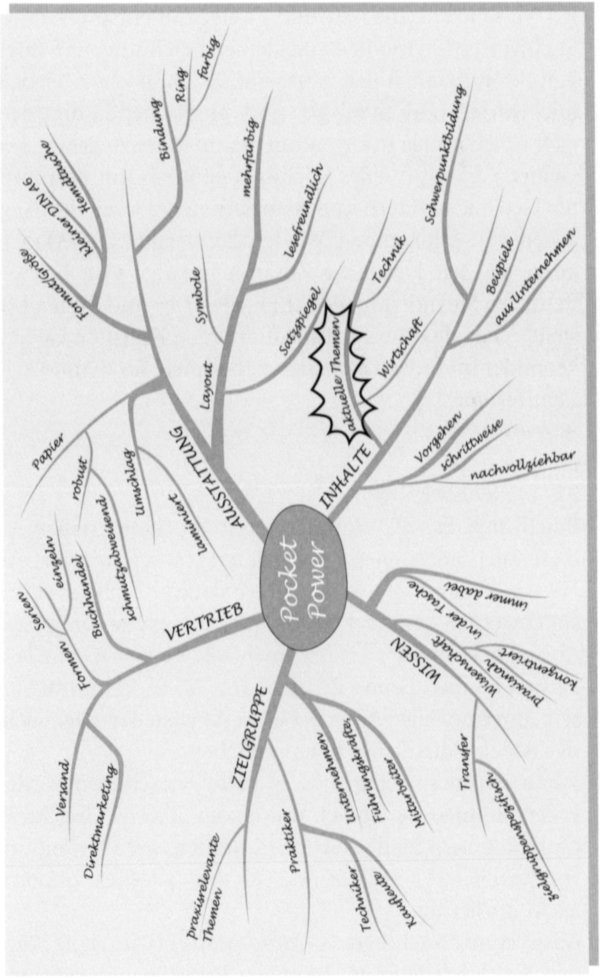

Bild 16: *Beispielhafte Darstellung eines Mind-Maps*

8) Wenn an einen Ast oder Zweig sehr viele Assoziationen anknüpfen, kann das ein Hinweis auf einen besonders interessanten Punkt sein. Ein neues *Mind-Map* mit diesem Schlüsselwort als Mittelpunkt kann zu neuen Ergebnissen führen.

Die aufgestellten Regeln für das *Mind-Mapping* müssen nicht streng eingehalten werden. Versuchen Sie selbst, welche Strukturen am besten zu Ihnen und Ihrem Team passen.

Übungsaufgaben

Das Erstellen von *Mind-Maps* ist anfangs ungewohnt. Geübt werden kann das *Mind-Mapping* folgendermaßen:

- Zeichnen Sie ein einfaches *Mind-Map* mit dem Thema „Rot“ in die Mitte und mit zehn Hauptästen. Schreiben Sie nun zehn Assoziationen zur Farbe Rot auf die Hauptäste.
- Entwickeln Sie ein *Mind-Map* einer angenehmen Erinnerung, z. B. „mein letzter Urlaub“.
- Nun sind Sie gerüstet für ein *Mind-Map*, das Ihnen hilft, ein für Sie persönlich unerledigtes Problem zu lösen!
- Planen Sie die Aufgaben des heutigen Tages mit einem *Mind-Map*.
- Auch eine Einkaufsliste oder die Vorbereitung für eine Reise lässt sich schnell und übersichtlich mit einem *Mind-Map* erstellen. So können Sie sicher gehen, später nichts Wesentliches zu vergessen.
- Seien Sie nicht verunsichert von dem Phänomen, dass *Mind-Maps* verschiedener Menschen zum gleichen Thema höchst unterschiedlich ausfallen.

- Ordnung, ja oder nein? Ob Ihr *Mind-Map* eine bestimmte Struktur erhalten soll, können Sie jedes Mal neu bestimmen. Bei kreativen Aufgaben kann das Streben nach Ordnung in der ersten Phase eher hinderlich sein. Schreiben Sie lieber alle Einfälle und Assoziationen spontan an irgendeine Stelle im *Mind-Map*, und legen Sie später ein zweites geordnetes *Mind-Map* an.
- Sprachebenen beachten! Es erleichtert die Konzentrationsfähigkeit auf bestimmte Wortarten, wenn verschiedene Sprachebenen bewusst gemacht werden. Beispiel: Die Wortreihe Mieze, Katze, Haustier, Säugetier fängt mit einem konkreten Lebewesen an und gelangt dann auf immer abstraktere, allgemeinere und überlappende Ebenen.
- Wenn Sie sich über die Struktur eines Problemfeldes noch nicht sicher sind, empfiehlt es sich, die einzelnen Stichwörter auf Karten oder Haftnotizen zu notieren. Das hat den Vorteil, die notierten Ideen leicht verschieben und miteinander kombinieren zu können, so lange, bis die Struktur schlüssig ist. Die Übersichtlichkeit eines *Mind-Maps* kann durch die Wahl verschiedener Farben für Haupt- und Nebenäste erhöht werden.

- Mind-Mapping ist ein sehr rasch erlernbares Werkzeug. Für viele Menschen wirkt es aber anfangs ungewohnt und unseriös. Sie tendieren dazu, eher darauf zu verzichten und nach einer Gruppenanwendung eher wieder auf herkömmliche Weise (in Fließtext) Notizen zu fixieren. Setzen Sie sich über die ersten Hürden hinweg, die Methode ist sehr effizient und produktiv. Sie werden sie bald nicht mehr missen mögen.

Vertiefung: „Die Walt-Disney-Strategie"

WORUM GEHT ES?

Walt-Disney hat seine kreativen Projekte durch die strikte Einhaltung von drei Rollen (Denkmodellen) durchgesetzt.

Die Rollen sind: „der Träumer“, „der Realist“, „der (konstruktive) Kritiker“.

WAS BRINGT ES?

Durch die Verbindung der Walt-Disney-Strategie mit *Mind-Mapping* kann man rasch ein Problem durchdringen.

WIE GEHE ICH VOR?

Schritt 1) Festlegung der Ziele. Was will man erreichen?

Schritt 2) Erstellung eines Mind-Maps in der Rolle des Träumers: „Was ist alles möglich, wie lassen sich die Ziele realisieren?“ Die Ideen dürfen ruhig auch ungewöhnlich oder verträumt sein. Wenn das *Mind-Map* von einer Person erstellt wird, nehmen Sie einen DIN-A3-Bogen, bei mehreren Personen eignet sich gut ein großes Meta-Plan-Papier.

Schritt 3) Nun eine realistische Perspektive einnehmen: „Wie lässt sich das umsetzen?“ Diese Ideen mit einem andersfarbigen Stift in das *Mind-Map* zusätzlich eintragen.

Schritt 4) Nehmen Sie nun die Position eines (konstruktiven) Kritikers ein: „Woran könnte es scheitern und wie lässt sich dieses Risiko ausschalten/minimieren?“ Die Ideen werden wiederum mit einer anderen Farbe in das Mind-Map eingetragen.

Schritt 5) Bewertung der einzelnen Ideen und Bestimmen der Aspekte, die man sofort umsetzen will.

Die Zeitdauer der einzelnen Schritte ist von der Komplexität der Fragestellung abhängig.

3.8 Progressive Abstraktion

WORUM GEHT ES?

Das von Geschka entwickelte Werkzeug dient der systematischen Problemerkennung. Eine zentrale Bedeutung hat die Frage “*Worum geht es tatsächlich?*“. Ausgehend von einem Ursprungsproblem wird durch Anwendung dieser Frage schrittweise ein höheres Abstraktionsniveau eines Problems erreicht. Dabei wird versucht, von möglicherweise oberflächlichen und ungenauen Problemauffassungen zu exakteren, zielbezogenen „Kerndefinitionen“ zu gelangen.

Das Werkzeug trennt schnell das Wesentliche von dem Unwesentlichen und könnte darum auch Problementstehungsanalyse genannt werden. So könnte beispielsweise Warteschlangen an Bankschaltern Freitagnachmittag (Kundenwunsch: am Wochenende einkaufen zu können) mit mehr geöffneten Schaltern begegnet werden. Es könnten aber auch Filialen am Freitag länger geöffnet bleiben oder am Samstag öffnen. Auch das Aufstellen von Geldautomaten wäre denkbar, die auch am Wochenende mit Kundenkarten bedient werden können. Doch sind das die tatsächlich im Sinne des Kunden richtigen Antworten auf das Problem? Fragt man weiter, kommt es den Kunden im Grunde darauf an, die Wochenendaktivitäten bezahlen zu können (z. B. essen und einkaufen gehen). Durch die Ausgabe einer Kreditkarte, die in Geschäften und Restaurants anerkannt wird, wäre das Problem gelöst. Durch die mehrfache Anwendung der Frage „*Worum geht es eigentlich?*“ wird eine stufenweise Erhöhung des Abstraktionsniveaus erreicht.

WAS BRINGT ES?

Für die Lösung von Innovationsproblemen ist die gründliche Analyse des Problems Voraussetzung. Andernfalls ist es wahrscheinlich, dass sich mit nahe liegenden Lösungsansätzen zufrieden gegeben wird, die jedoch nur kurzfristig Wirkung zeigen und wenig innovativ sind. Durch das Arbeiten mit der *progressiven Abstraktion* kann man häufig feststellen, dass eine Lösung im Nachhinein anders aussieht, als ursprünglich angenommen. Durch dieses Werkzeug werden auch die Grenzen der eigenen Fähigkeiten und der Zusammenhang mit anderen Systemen, auf die man selbst keinen Einfluss hat, erkannt. Wirksame Lösungen setzen voraus, dass alle wichtigen Komponenten der problematischen Situation und deren Zusammenhänge erkannt werden.

Das Problem wird zunächst als Symptom bestimmter Ursachen aufgefasst. Diese Ursachen stellen meist Teilprobleme dar, die entsprechend wieder als Symptome dahinter liegender Ursachen verstanden werden können. Die Problemdefinition umfasst dann sowohl die endgültigen Ursachen als auch die Liste der Symptome, zu denen sie geführt haben.

WIE GEHE ICH VOR?

Ablauf

Die Rahmenbedingungen wie Gruppengröße, Einsatz von Moderator und Protokollant entsprechen denen des *Brainstormings*. Allerdings wird bei dieser Methode die *Brainstorming*-Phase mehrmals, dafür aber verkürzt auf unterschiedliche Fragestellungen angewendet.

1) Formulieren Sie das Problem.
2) Sammeln Sie mögliche Lösungen. Ausgehend von der vorläufigen Problemdefinition finden Sie nun in Form eines Kurz-*Brainstormings* erste Ursachen.
3) Kritisieren Sie die gefundenen Lösungen. Was ist unbefriedigend oder besser lösbar? Abweichend von den *Brainstorming*-Regeln setzt nun eine kurze Kritikphase an den bisher gefundenen Lösungen ein, um die Teilnehmer für die tiefer liegenden Ursachen zu sensibilisieren.
4) Worauf kommt es eigentlich an? Versuchen Sie nun, eine abstrahierte Problemformulierung zu finden. Das nun formulierte Problem hat einen größeren Einflussbereich als das ursprünglich betrachtete.
5) Sammeln Sie mögliche Lösungen zur abstrahierten Problemformulierung mittels eines Kurz-*Brainstormings*.
6) Kritisieren Sie auch diese Lösungen wieder, um auf ein höheres Abstraktionsniveau zu gelangen.
7) Worauf kommt es eigentlich an? Erneute Abstraktion.
8) Diese Schritte führen Sie so lange durch, bis eine befriedigende Durchdringung des Problems erreicht ist.
9) Das Ende ist erreicht, wenn die Problemlösungen außerhalb des Einflussbereiches der Problemlösungsgruppe oder des Unternehmens liegen.

Das Unternehmen: Hersteller von Büroartikeln

Ausgangsproblem:

Verbesserung der bisher produzierten Papier-Locher.

Lösungen:

- Elektrischer Antrieb (unbefriedigend: Stromanschluss erforderlich).
- Veränderte Stanzengeometrie (unbefriedigend: es muss gestanzt werden).
- Bessere Werkstoffe (zu kostenintensiv).
- usw.

Worauf kommt es eigentlich an?

- Dokumente müssen archiviert werden.

Problemformulierung des 1. Abstraktions-Niveaus:

Auf welche Weise kann man Dokumente archivieren?

Lösungen:

- Dokumente stapeln (unordentlich).
- Dokumente im Stehsammler sammeln (Dokumente können knicken).
- Dokumente heften (nicht ohne Schaden lösbar).
- Dokumente binden (aufwendig, nicht mehr voneinander lösbar).
- Worauf kommt es eigentlich an?
- Dokumente wieder trennbar zusammenheften und ohne Schaden archivieren.

Problemformulierung des 2. Abstraktions-Niveaus:

Wie können Dokumente wieder trennbar zusammengeheftet und ohne Schaden archiviert werden?

Lösungen:

- Archivieren der Dokumente in Hängeregister (unübersichtlich).
- Archivieren der Dokumente in Klemmmappen (zu wenig Blätter pro Mappe).
- Archivieren mit Sichthüllen in den Ordnern (zu aufwendig).

Worauf kommt es eigentlich an?

- Dokumente unversehrt archivieren und schnell auf sie zugreifen können.

Problemformulierung des 3. Abstraktions-Niveaus:

Wie kann man schnell auf gut archivierte Dokumente zugreifen?

Lösungen:

- Dokumente einscannen, abspeichern in einer Datenbank.
- Mikrofiche anfertigen.
- Informationen auf eine CD brennen.
- Von einem externen Unternehmen archivieren lassen (zu kostenintensiv).

Worauf kommt es eigentlich an?

...

- Durch die Fragestellung „Worauf kommt es eigentlich an?“ kann es leicht passieren, dass die Ergebnisse über den möglichen Kompetenz- und Maßnahmenbereich des Problemlösers hinausreichen. Deswegen kann es sinnvoller sein, diese allgemeine Fragestellung durch speziellere Fragen zu ersetzen, die stärker an die Zielsetzung des Unternehmens gekoppelt sind.

3.9 Morphologischer Kasten

WORUM GEHT ES?

Der *Morphologische Kasten* wurde von dem Schweizer Astrophysiker Zwicky entwickelt. Der *Morphologische Kasten* ist die bekannteste von verschiedenen morphologischen Werkzeugen. Ziel des Werkzeuges: Die Lösung des Problems soll durch eine Zerlegung in Einzelaspekte erreicht werden. Bei dem *Morphologischen Kasten* wird ein Problem mehrdimensional klassifiziert. Dadurch wird es möglich, eine strukturelle und funktionale Durchdringung zu erreichen. Das Werkzeug wird hauptsächlich bei Konstellationsproblemen eingesetzt, kann aber auch ein abgegrenztes Suchproblem unterstützen.

Das Wort „Morphologie" ist griechischen Ursprungs und bedeutet „Lehre der Gestaltung, Strukturierung, Formung". Jede nach einem bestimmten Verfahren hergestellte Ordnung wird als Morphologie bezeichnet. Daher spricht man auch von der „Lehre des geordneten Denkens".

WAS BRINGT ES?

Besonders für Personen, die es gewohnt sind, technisch-analytisch zu denken, ist diese Methode empfehlenswert, da sie an die gewohnte Herangehensweise an Probleme erinnert.

Zu lösende Probleme werden in abgegrenzte Teilaspekte zerlegt und diese Bereiche dann jeweils variiert. Durch beliebige Variation entstehen zahlreiche neue potenzielle Lösungswege, so dass die Wahrscheinlichkeit steigt, möglichst nahe am denkbaren Lösungsoptimum zu liegen. Der vorschnellen Bewertung von Lösungen und dem Verharren auf einer vermeintlich guten Lösung wird entgegengewirkt. Durch die Anwendung des *Morphologischen Kastens* werden Defizite bisheriger Lösungen rasch erkannt, die man nun schließen kann.

Ein weiterer Vorteil des *Morphologischen Kastens* ist die quasi automatische Protokollierung der Ergebnisse auf dem Formular. Das Werkzeug ist sowohl für die Gruppenanwendung als auch für die Einzelbearbeitung geeignet. Mit der Erstellung eines *Morphologischen Kastens* sollten Fachleute betraut werden. Der Schwierigkeitsgrad dieses Werkzeugs ist relativ hoch. Wird ein *Morphologischer Kasten* in einer Gruppe erstellt, werden hohe Anforderungen an den Moderator gestellt.

WIE GEHE ICH VOR?

Ablauf

1) Analyse und Definition des Problems.
2) Bestimmung der Parameter: Merkmale, die bei allen Lösungen z. T. unterschiedlich gestaltet vorkommen, werden zu übergeordneten Parametern zusammengefasst und in die erste Spalte des Formulars eingetragen (Bild 17).
3) Bestimmung möglicher Ausprägungen der Parameter: Sie werden rechts in die Felder neben den Parametern eingetragen.
4) Bestimmung der Kombinationen. Jede mögliche Kombination einzelner Ausprägungen stellt eine Lösung dar, die mit einer Linie verbunden wird. Es ergeben sich in der Regel zahlreiche Lösungen.
5) Alternativauswahl. Erst jetzt werden die technisch oder wirtschaftlich nicht interessanten Lösungen ausgeschlossen.

Wie können wir unsere Betriebskantine organisieren?

Parameter	**Parameterausprägung**			
Öffnungszeiten	7 h bis 16 h	7 h bis 11 h	11 h bis 14 h	14 h bis 17 h
Bedienung	Automat	Selbstbedienung	Bestellservice	am Tisch
Hauptgerichte	vegetarisch	Vollwertkost	exotisch	normale Mischkost
Art der Gerichte	Tellergerichte	Zusammenstellung	abgepackte Fertiggerichte	
Preisniveau	5 DM	8 DM	12 DM	15 DM
Zusatzangebote	Salate und Obst	Snacks	Nachtisch	Gebäck

Bild 17: *Morphologischer Kasten am Beispiel des Problems „Wie können wir unsere Betriebskantine organisieren?" mit drei erarbeiteten Lösungswegen*

- Stellen Sie zuerst eine einfache Liste möglicher Parameter auf, und überarbeiten Sie sie so lange, bis folgende drei Anforderungen erfüllt werden:
  - *Logische Unabhängigkeit.* Wenn sich Parameter wechselseitig bedingen, können die Ausprägungen nicht mehr zu alternativen Gesamtlösungen kombiniert werden.
  - *Allgemeine Gültigkeit.* Die Parameter sollten auf sämtliche Lösungen zutreffen und nicht nur auf eine Teilmenge.
  - *Relevanz.* Unwesentliche Details machen den Morphologischen Kasten unübersichtlich und erschweren die Auswahl der relevanten neuen Kombinationen.
- Die Gesamtparameterzahl sollte nicht über sieben liegen.
- Achtung! Auch Ausprägungen, die für sich genommen nicht optimale Lösungen darstellen, können durch Kombinationen mit anderen Ausprägungen zu sehr guten Gesamtlösungen führen.
- Daher: Vorzeitige Kritik und Bewertung vermeiden.
- Durch Zerlegung in Teilmatrizen kann die sich schnell ergebende hohe Komplexität reduziert werden.

- Der kritische Schritt ist das vollständige Herauskristallisieren der Parameter. Mit Hilfe einer Reihe von Techniken kann man aber das Problemverständnis erhöhen und so zu der Erfassung der Parameter kommen:
  - Visualisierungen, z.B. mit Mind-Mapping.
  - Betrachtung von existierenden Einzellösungen und eine anschließende Verallgemeinerung des Parameters.
  - Die von den Q7 bekannten W-Fragen: Was? Wann? Wo? Warum? Wer? Wie?

3.10 Methode 635

WORUM GEHT ES?

Methode 635 ist ein Werkzeug, das die intuitive Ideenfindung unterstützt und vor allem bei Suchproblemen eingesetzt wird. Die Methode 635 wird auch als Brainwriting bezeichnet. Wie auch beim *Brainstorming* sollen sich die Teilnehmer durch ihre Ideen wechselseitig anregen und daraus Anknüpfungen sowie Analogien bilden. Dies geschieht bei der Methode 635, anders als beim *Brainstorming*, auf schriftlichem Wege.

Die Methode 635 ist einfach anzuwenden. Dadurch, dass Ideen in einer Gruppensitzung an die anderen Teilnehmer schriftlich weitergegeben werden, entsteht automatisch ein Protokoll. Solche Sitzungen dauern meistens nicht länger als eine Stunde. Im Idealfall ergeben sich bei der *Methode 635* in kurzer Zeit zahlreiche Lösungsvorschläge.

WAS BRINGT ES?

Die Anwendung des Werkzeugs bedarf keiner besonderen Moderation. Die *Methode 635* sollte eingesetzt werden, wenn in der Problemlösungsgruppe Spannungen und Konflikte zu befürchten sind oder wenn die Gefahr besteht, dass eine Person verbal eine bestimmende Rolle einnehmen könnte. Bei der *Methode 635* werden alle Teilnehmer aktiviert. Ein weiterer Anwendungsbereich sind komplexere Probleme, die mehrdimensionale Denkprozesse erfordern, die durch Diskussionen gestört werden könnten.

WIE GEHE ICH VOR?

Seinen Namen erhielt das Werkzeug aus folgendem Grund:

- *6 Personen* notieren jeweils auf verschiedene Formulare
- *3 Ideen*
- innerhalb von *5 Minuten.*

Das Formular (möglichst DIN A3) ist einfach zu erstellen: Es besteht aus drei Spalten, sechs Zeilen und zusätzlich einer Kopfzeile, in der die Problemformulierung und die Teilnehmer der Sitzung festgehalten werden (siehe Bild 18).

Problem *Welchen zusätzlichen Service könnten wir als Möbelspedition unseren Kunden anbieten?* **Teilnehmer** *Müller, Maier, Krämer, Walter, Schwarz, Rösch*		
Vorschläge		
Reinigen der Möbel (Müller)	*Transportservice für Haustiere (Müller)*	*Bewachung wertvoller Gegenstände (Müller)*
Bei Bedarf neue Möbel anbieten / vermitteln (Maier)	*Pension für Haustiere eröffnen (Maier)*	*Übernacht-(24 h-) Umzugsservice anbieten (Maier)*
Möbelverleih betreiben (Krämer)	*Umzüge typspezifisch anbieten, z.B. für Manager, Familien (Krämer)*	*Sofortservice anbieten (Krämer)*
... *(Walter)*	... *(Walter)*	... *(Walter)*
... *(Schwarz)*	... *(Schwarz)*	... *(Schwarz)*
... *(Rösch)*	... *(Rösch)*	... *(Rösch)*

Bild 18: *Beispielhaft ausgefülltes Formular der Methode 635*

Ablauf

1) *Problemdefinition:* Das Problem wird vorgestellt und diskutiert. Anschließend wird ggf. die geänderte Problemformulierung festgehalten.
2) *Lösungsvorschläge sammeln:* Jeder Teilnehmer trägt in die oberste Zeile seines Formulars innerhalb von fünf Minuten drei Ideen ein.
3) *Formularweitergabe:* Die Formulare werden im Uhrzeigersinn an den Nachbarn weitergegeben.
4) *Anknüpfung:* Jeder Teilnehmer hat nun die von seinen Vorgängern vorliegenden Ideen vor sich. Er fügt nun innerhalb von fünf Minuten weitere drei Ideen hinzu. Diese können eine Ergänzung oder Variation zum Vorgänger darstellen oder völlig neu sein. Punkt 3) und 4) werden so lange wiederholt, bis jeder Teilnehmer jedes Formular einmal beschrieben hat.
5) *Auswertung:* Nun folgt die Analyse der Vorschläge. Es ist sinnvoll, zur Ideenbewertung die Formulare noch einmal herumzureichen. Dabei soll jeder Teilnehmer die für ihn Erfolg versprechendsten Vorschläge ankreuzen. Danach erfolgt die Erörterung und Diskussion der Lösungsvorschläge.

- Steigern Sie die Bearbeitungszeit in fortschreitenden Runden auf sieben bis acht Minuten, da die Teilnehmer die Vorgängerideen zunächst durchlesen, erfassen und gedanklich verarbeiten müssen.
- Bei größeren Gruppen können Sie mehrere *Methode 635*-Gruppen ansetzen, die ihre Ergebnisse später in großer Runde vortragen.
- Natürlich funktioniert diese Methode auch bei weniger Teilnehmern.

- Undeutliche Schrift.
- Unverständliche Formulierungen/Zeichnungen.
- Zwischengespräche.
- Negative Bemerkungen zu einzelnen Ideen.

Vertiefung 1: Brainwriting-Pool

WORUM GEHT ES?

Schlicksupp entwickelte den *Brainwriting-Pool* auf Grund der festgestellten Nachteile bei der Anwendung der Methode 635. Zum einen kann die Aufforderung, sechs Mal hintereinander jeweils drei Ideen in fünf Minuten zu entwickeln, von Teilnehmern als Denkblockade empfunden werden. Zum anderen ist die Stimulierungswirkung bei der Methode 635 geringer als beim Brainstorming, da sich die Teilnehmer nicht verbal austauschen und eine unmittelbare (spontane) Reaktion auf Ideen nicht stattfindet. Deshalb wird bei der Methode des *Brainwriting-Pools* die Anforderung der zeitlichen Reglementierungen und der gerichteten Weitergabe der Ideen aufgegeben.

WAS BRINGT ES?

Die Benutzung des *Brainwriting-Pools* hat den Vorteil, dass der Zeittakt der *Methode 635* aufgehoben wird. Jeder Teilnehmer kann die Ideenproduktion seinem persönlichen Arbeitsrhythmus anpassen. Der freie Formulartausch ermöglicht den Zugang zu allen Ideen der anderen Teilnehmer. Es ist zudem kein besonderes Formular nötig.

WIE GEHE ICH VOR?

Die Teilnehmerzahl beträgt vier bis acht Personen. Als Zeitrahmen werden üblicherweise 20 bis 40 Minuten angesetzt.

Ablauf

1) Zu Beginn denkt sich jeder Teilnehmer zur formulierten Problemstellung Lösungsvorschläge aus und dokumentiert sie auf einem Blatt Papier. Dabei gibt es keine Zeitbeschränkung.
2) Fällt einem Teilnehmer kein neuer Vorschlag ein, tauscht er sein beschriebenes Blatt mit einem Blatt aus der Tischmitte (dem Brainwriting-Pool) aus, lässt sich von den dort aufgeschriebenen Ideen anregen und schreibt neue Ideen dazu. Dies kann beliebig häufig geschehen (viele Extrablätter bereithalten!). Das Ergebnis: zahlreiche Lösungsvorschläge.

Vertiefung 2: Collective-Notebook-Methode

WORUM GEHT ES?

Eine weitere Brainwriting-Methode ist die *Collective-Notebook-Methode* von *Haeffele*. Bei ihr sind Teilnehmer nicht mehr an eine Gruppensitzung gebunden, sondern können neben der normalen Tagesarbeit Ideen produzieren und festhalten.

WAS BRINGT ES?

Die *Collective-Notebook-Methode* hat den Vorteil, dass die Teilnehmer räumlich und zeitlich ungebunden sind. Somit ist diese Methode auch für zeitlich angespannte Mitarbeiter anwendbar. Außerdem entspricht der Aufbau dieser Methode auch den Untersuchungsergebnissen, dass Lösungsideen häufig spontan einfallen, besonders dann, wenn sich mit dem Problem nicht bewusst beschäftigt wird.

WIE GEHE ICH VOR?

1) Notizbücher werden an die Teilnehmer verteilt, in denen die Problemstellung formuliert ist. Die Teilnehmerzahl ist nicht begrenzt.
2) Jeder Teilnehmer soll in diesem Notizbuch eine eigenständige Problemanalyse durchführen und alle ihm einfallenden Lösungsvorschläge formulieren. Außerdem sollen alle Einfälle, die im Laufe des Tages (oder eines längeren Zeitraums) entstehen, dokumentiert werden.
3) Die Notizbücher werden anschließend gesammelt und ausgewertet.
4) Danach kommen die Teilnehmer (Ideengeber) zusammen und sichten und diskutieren die gesammelten Ideen.

Dieses Werkzeug eignet sich gut, um sich im Vorfeld eines anzugebenden Problems einen Überblick über mögliche Lösungsvorschläge zu verschaffen.

3.11 6-Hüte-Denken

WORUM GEHT ES?

Das *6-Hüte-Denken* wurde vom britischen Psychologen *Edward de Bono* entwickelt. Das Prinzip besteht darin, in einer Gruppendiskussion systematisch verschiedene Betrachtungsweisen zu einem Problemgegenstand einzunehmen und das Problem dadurch effizient auf unterschiedliche Arten anzugehen. Auf diese Weise können mehr sowie qualitativ bessere Problemlösungen generiert werden, als wenn nur auf einem Standpunkt beharrt wird.

Die unterschiedlichen Blickwinkel werden bei dieser Methode durch verschiedenfarbige Hüte repräsentiert, die den Teilnehmern ermöglichen, sich jeweils nur auf einen einzelnen Denkstil (z.B. faktenorientiert *oder* kritisch *oder* optimistisch *oder* gefühlsbetont etc.) zu konzentrieren.

Seit seiner Entwicklung im Jahr 1986 wurde das *6-Hüte-Denken* weltweit in unzähligen Unternehmen und Bildungsinstitutionen eingesetzt, um sich Problemen aus unterschiedlichen Perspektiven zu nähern und auf diese Weise umfassendere Lösungsansätze zu ermöglichen.

WAS BRINGT ES?

Unsere Meinungen und Ansichten verfestigen sich im Laufe der Zeit und werden zu Überzeugungen, zu gewohnten Wahrnehmungsperspektiven, die uns helfen, uns im Informationsdschungel zu orientieren, Prioritäten zu setzen und Dinge zu bewerten. Nichtsdestoweniger sind es nach wie vor verfestigte Meinungen, die uns beim kreativen Denken behindern können, ja sogar zum „Kreativitätskiller" werden. Denn wer von seiner Sichtweise überzeugt ist, verschließt sich der Möglichkeit, dass es auch anders sein könnte und andere Aspekte eine mindestens ebenso wichtige Rolle spielen könnten. Der erste Schritt, dieses Hindernis zu überwinden, ist, sich dessen bewusst zu werden.

Das *6-Hüte-Denken* ist eine Methode, sich von seiner eigenen vertrauten, aber wahrscheinlich einseitigen Sichtweise durch die spielerische „Rollenübernahme" anderer Denk- und Wahrnehmungsperspektiven zu lösen und möglichst unterschiedliche Positionen für eine Ideenfindung und eine Entscheidung zu berücksichtigen. Das ist immer dann von Nutzen, wenn das zu lösende Problem eine hohe Komplexität aufweist, die nicht allein auf der Sach-Ebene zu suchen ist, wenn also viele unterschiedliche Facetten beleuchtet und für eine Lösungsfindung berücksichtigt werden müssen.

Der Methode liegt das von *de Bono* geprägte *„parallele Denken"* zugrunde, d.h. der systematische Wechsel der Perspektive in Bezug auf ein beliebiges Thema, wobei alle Beteiligten zu einem Zeitpunkt in die gleiche Richtung, also „parallel" denken. Mittels der „sechs Hüte" wird der umfassende Blick auf die unterschiedlichen Aspekte eines Problems freigegeben. Der Prozess ermutigt die Teilnehmer, Fakten von Meinungen oder Gefühlsäußerungen zu trennen und weder die befürwortenden noch die negativen Aspekte und Argumente zu vernachlässigen. Zweifel und Bedenken werden nicht nur erlaubt, sondern sogar eingefordert. Dadurch gelangt man zu einem „big picture", d.h. einer vollständigen Perspektive des Problems und seiner Lösungsmöglichkeiten.

Dank der systematischen Vorgehensweise werden in der Gruppe potentiell aufkommende Konflikte weitgehend vermieden, da im Prozessverlauf kein Blickwinkel außer Acht gelassen wird. Das parallele Vorgehen der gesamten Gruppe bei der Perspektiveneinnahme stimuliert die intensive und konstruktive Entwicklung von Lösungsalternativen.

WIE GEHE ICH VOR?

Ablauf

1) Schreiben Sie das Problem oder die Frage für alle sichtbar auf.
2) Erläutern Sie die Methode und Regeln des 6-Hüte-Denkens, insbesondere die geforderten Eigenschaften des Denk- und Wahrnehmungsstils einer jeden Farbe.
3) Geben Sie den Teilnehmern entsprechend der Art, in der die Gruppe denken soll, einen Hut (oder ein Armband oder ein Tischkärtchen) in der jeweiligen Farbe. Jeder Hut steht für eine bestimmte Perspektive, die jeweils *von der gesamten Gruppe gleichzeitig* eingenommen wird („paralleles Denken").
4) Geben Sie den Teilnehmern die Möglichkeit, sich vor der Diskussion kurz auf die entsprechende Farbe bzw. Perspektive einzustellen, indem Sie als Moderator die jeweilige Perspektive mit Beispielen illustrieren. Anschließend lassen Sie die Gruppe aus der jeweiligen Perspektive heraus ein kurzes ca. 5-minütiges *Brainstorming* durchführen.
5) Visualisieren Sie die Vorschläge und Ideen der Gruppe aus jeder „Hut-Perspektive" auf einem Flipchart. Wichtig hierbei: Sobald die Perspektive gewechselt wird, verdecken Sie die Flipcharts mit den bisherigen Ergebnissen, da sie für die aktuelle Wahrnehmungsperspektive beeinflussend oder gar störend wirken können.
6) Gehen Sie alle Hüte mit der gesamten Gruppe nacheinander in der beschriebenen Weise durch. So wird das Pro-

blem auf systematisch und mittels verschiedener Denkansätze „durchgespielt".

7) Hängen Sie die Ergebnisse nebeneinander auf und reflektieren zusammen mit der Gruppe über das entstandene Gesamtbild und Implikationen für die Fragestellung.

- Alternativ kann auch jeder Teilnehmer in einer 6-Hüte-Diskussion einen Hut / eine Perspektive übernehmen (gerne auch persönlich ungewohnte) und aus dieser heraus diskutieren. Nach einiger Zeit können die Hüte dann getauscht werden.
- In Großgruppen (mind. 12 Personen) kann man die Technik einsetzen indem man in verschiedenen Gruppen Ideen unter jeweils einer Perspektive am Flipchart entwickeln lässt und diese dann im Plenum vorstellt.

Die 6-Hüte-Farben

1) Der weiße Hut: Neutralität und Fakten

Der weiße Hut steht für Objektivität und Neutralität. Er bringt die bekannten (oder auch ggf. noch benötigten) sachlichen Informationen „auf den Tisch". Es zählen nur „Fakten, Fakten, Fakten!" Emotionen, Urteile und persönliche Meinungen interessieren nicht.

2) Der gelbe Hut: Optimismus und Bejahen

Der gelbe Hut steht für das optimistische Denken, das „best case"-Szenario, und zählt all die positiven Eigenschaften, die Chancen, Pluspunkte, realistischen Hoffnungen, erstrebenswerten Ziele und den möglichen Mehrwert eines Projektes, einer Entscheidung oder einer Idee auf.

3) Der schwarze Hut: Bedenken und Zweifel

Der schwarze Hut bringt Zweifel, Skepsis und Bedenken zum Ausdruck. Er benennt alle Risiken und Argumente, warum etwas *nicht* funktionieren könnte, ist kritisch, aber nicht gefühlsbetont.

4) Der rote Hut: Gefühle und Intuition

Der rote Hut steht für das emotionale Denken und die Intuition. Er konzentriert sich auf die nicht weiter begründungspflichtigen positiven und negativen Gefühle, Meinungen, diffusen Ängste und intuitiven Empfindungen. Diese Gefühle bedürfen keinerlei Rechtfertigung.

5) Der grüne Hut: Kreativität und neue Ideen

Der grüne Hut fokussiert auf Optionen, Möglichkeiten und Alternativen. Er führt hin zu kreativen neuen Ideen und Perspektiven, inspiriert, provoziert und erlaubt Widersprüche. Es ist dabei egal, wie verrückt, unrealistisch oder undurchführbar eine Idee sein mag. Kritische Bemerkungen sind nicht erlaubt.

6) Der blaue Hut: Distanz und Kontrolle

Der blaue Hut symbolisiert Distanz, Kontrolle und Organisation. Er wird benutzt, um den Gesamtprozess zu moderieren und sicher zu stellen, dass die Regeln des 6-Hüte-Denkens eingehalten werden. Außerdem führt er die einzelnen Ergebnisse aus den anderen Hut-Perspektiven zusammen. Dieser Hut wird in der Regel am Ende der Sitzung bzw. des ersten Perspektivendurchlaufs aufgesetzt.

Ein praktisches Beispiel

In Ihrer Firma wird überlegt, ob ein Betriebskindergarten für die Mitarbeiter mit kleinen Kindern eingerichtet werden soll. Die Meinungen dazu gehen stark auseinander, und in zahlreichen Arbeitstreffen konnte bisher keine Einigung erzielt werden. Hier könnten Sie das 6-Hut-Denken anwenden:

Beispieläußerungen des weißen Hutes: Fakten

- zur Zeit gibt es im Unternehmen 38 Elternteile mit Kindern zwischen 1 und 6 Jahren; davon 19 Eltern in Elternzeit, d.h. sie bleiben zuhause
- weitere zwölf haben für ihre Kinder einen öffentlichen Kindergartenplatz oder eine Tagesmutter, arbeiten in Teilzeit
- sieben Mitarbeiterinnen sind im Mutterschutz
- 70 % unserer Angestellten haben Kinder zu Hause
- 30 % unserer Mitarbeiter kommen aus dem Ausland, sprechen Deutsch nicht als Muttersprache
- es gibt eine flexible Arbeitszeitregelung mit einer Kernarbeitszeit von 10 – 13 Uhr

Beispieläußerungen des gelben Hutes: Optimismus

- Betriebskindergarten garantiert Mitarbeitern schnellen Wiedereinstieg ins Berufsleben, teure familienbedingte Auszeiten werden begrenzt, ebenso Fluktuation von Mitarbeitern
- durch bessere Vereinbarkeit von Familie und Beruf lassen sich Mitarbeiter besser ans Unternehmen binden; Eltern ohne Betreuungsstress sind konzentrierter und produktiver
- Unternehmen kriegt Anerkennung und Ruf eines „familienfreundlichen Unternehmens“; ist Wettbewerbsvorteil im „War for Talent“

Beispieläußerungen des schwarzen Hutes: Risiken

- Betriebskindergarten ist ziemlich teuer: Räume, Einrichtung, qualifiziertes Personal, womöglich zweisprachige Erziehung und sonstige pädagogische Konzepte
- Konflikte und Demotivation unter den Mitarbeitern, wenn es weniger Plätze als Bewerber gibt

Beispieläußerungen des roten Hutes: Gefühle

- es wäre klasse, mein Kind in meiner unmittelbaren Nähe untergebracht zu wissen! Eine Sorge weniger!

- Ich mag die Vorstellung nicht, mein Privatleben und meine Familie im Unternehmen bekannt zu machen. Das behagt mir ganz und gar nicht.
- Laufen hier dann dauernd Kinder durch die Gegend? Das nervt mich! Und rennen dann alle Eltern in der Mittagspause zu ihren Kleinen?
- 45 min. Fahrt zur Arbeit will ich meinem Kind nicht auch noch zumuten. Außerdem soll es Freunde in der Nachbarschaft haben. Die bleiben nämlich auch nach einem Jobwechsel!

Beispieläußerungen des grünen Hutes: Neue Ideen

- einen Raum mit Spielzeug und Elternbetreuung für die Mitarbeiterkinder zur Verfügung stellen und schauen, wie dieses Angebot wahrgenommen wird
- Kindergarten-Gutscheine an die Eltern für die lokalen Kindergärten im Ort verteilen (mit Kostenbeteiligung des Unternehmens für die Zusatzplätze im Kindergarten)
- Betriebskindergarten auch für betriebsfremde Kinder öffnen, und so die Auslastung sicherstellen und die Kosten senken (durch öffentliche Teilfinanzierung)
- Öffnungszeiten des Betriebskindergartens ergänzend zu den Öffnungszeiten der öffentlichen Kindergärten legen

Beispieläußerungen des blauen Hutes: Organisation

- es gibt zu wenig Wissen über den tatsächlichen Bedarf und die Wünsche der Eltern von potentiellen Betriebskindergarten-Kindern, es bedarf einer Bedarfserhebung dazu
- Thema ist mit starken Emotionen (Ängste und Euphorie) belastet die zum jetzigen Zeitpunkt nicht weiterführen
- Kosten sind unklar, daher Suche nach konkreten Finanzierungs-Beispielen aus anderen Unternehmen

- Wenn Sie mit der Gruppe einen vollständigen Durchlauf durch alle Perspektiven gemacht haben, können in einer weiteren Phase bestimmte Hüte noch einmal gezielt aufgesetzt werden. Beispielsweise können Sie nach einer Ideensammlung alle Ideen mit dem gelben und dem schwarzen Hut „prüfen" lassen. Oder Sie setzen den blauen Hut ein, um aus den Ideen konkrete Maßnahmen folgen zu lassen!
- Der blaue Hut ist wesentlich zur Zusammenfassung des Gesagten und der Organisation des Denkprozesses. Es kann durchaus sinnvoll sein, dass eine Person den blauen Hut über den gesamten Prozess hinweg aufbehält und eine moderierende Funktion übernimmt.
- Seien Sie mutig und verwenden Sie bei der Einführung dieser Kreativtechnik ruhig „reale" Hüte (z.B. einfache aus Papier gebastelte oder im Handel erhältliche günstige Schirmmützen)! Das prägt sich allen Gruppenmitgliedern ein, erleichtert ihnen durch das allen sichtbare Symbol die geforderte Rollenübernahme, trägt zur Lockerheit und zum Spaß bei und unterstreicht das Verfahren.

- Der Nutzen dieser Methode liegt im Gewinn an Offenheit in der Diskussion, die durch die spielerische Rollenübernahme der Teilnehmer ermöglicht wird. Die Kehrseite dieser Offenheit liegt in theatralischem Verhalten, da einige Teilnehmer die Rollen gerne übersteigert darstellen.
- Wenn sich die Gruppenmitglieder stark hinsichtlich ihres Temperaments unterscheiden, werden einzelne Perspektiven ggf. überbetont. In diesen Fällen sollten Sie als Moderator eingreifen oder den blauen Hut nutzen, um die Gruppe darauf aufmerksam werden zu lassen.

3.12 Reizwortanalyse

WORUM GEHT ES?

Die Reizwortanalyse wurde von *Geschka* und *Schaude* am Batelle-Institut entwickelt. Es handelt sich um ein Werkzeug, das die Intuition fördert. Das Prinzip der *Reizwortanalyse* ist die Konfrontation der Problemlösungsgruppe mit problemfremden Bildern und Wörtern. Die angeregten Strukturübertragungen, Analogiebildungen oder Abstraktionen sollen neue Lösungsansätze bilden. Es handelt sich bei diesem Werkzeug quasi um eine verkürzte Synektische Sitzung, in der die Phase der Analogiesuche ausgelassen wird.

WAS NÜTZT ES?

Die *Reizwortanalyse* versucht ohne wesentliche Verfremdung, Lösungen durch Strukturübertragungen zu erreichen. Ein Vorteil dieser Technik ist, dass mehrere Gegenstände zur Verfügung stehen. Es ist kein besonders ausgebildeter Moderator etwa wie bei *Synektischen Sitzungen* notwendig. Da sich das Werkzeug auf nur zwei Schritte bis zur Lösungssuche beschränkt, ist eine *Reizwortanalyse* in kurzer Zeit anwendbar.

WIE GEHE ICH VOR?

1) *Schriftliche Problemdefinition.*
2) *Problemfremde Reizwörter finden:*
   Zehn beliebige gegenständliche Begriffe (Reizwörter) werden ausgesucht. Hilfestellungen zum Finden von Begriffen bieten Lexika und Bücher. Auch ein Begriffs-*Brainstorming* kann durchgeführt werden.

3) *Reizwörter analysieren:*
   Die Begriffe werden anschließend untersucht nach
   - Prinzipien
   - Merkmalen
   - Strukturen
   - Gestaltausprägungen
4) *Beziehungen zum Problem herstellen, Lösungen finden:*
   Anschließend werden Beziehungen zwischen den im 3. Schritt gefundenen Aussagen und dem konkreten Problem hergestellt. Die Beziehungen dienen der Lösungsfindung.

Beispiel für eine Reizwort-Analyse

1) Problem:

Wie können 200 kg schwere Schränke auf einfache Weise so an der Wand befestigt werden, dass sie in allen Richtungen „im Lot" hängen?

2) Problemfremdes Reizwort wählen, z.B. „Vogel"

3) Reizwort analysieren:

a) Er fliegt oder schwebt.
b) Er hat Federn.
c) Er hat Krallen.
d) Er hat einen spitzen Schnabel.
e) Er hat häufig gute Augen.

4) Beziehung zum Problem herstellen und Lösung finden:

zu a): Am Schrank wird an der Unterseite ein Luftkissen angebracht; durch das kontrollierte Herauslassen der Luft wird die gewünschte Höhe genau eingestellt; der Schrank kann dann mühelos angeschraubt werden.

zu b): keine Idee

zu c): Sowohl auf der Rückseite des Schrankes als auch an der Wand werden Klettverschlüsse angebracht, der Schrank kann angeheftet werden.
zu d): Der Schrank wird oberhalb des Schwerpunktes an einem starken Draht aufgehängt und fixiert.
zu e): In den Schrank wird während der Montage ein Messgerät eingelegt, das anzeigt, ob der Schrank in allen drei Dimensionen ausbalanciert ist.

Quelle: Batelle: Die Batelle-Studie, Frankfurt/Main 1993.

Obwohl diese Technik relativ einfach klingt, wird Übung benötigt, um sie wirkungsvoll einsetzen zu können.

Vertiefung: Bionik

WORUM GEHT ES?

Eine anspruchsvollere Variante der Analogiebildung stellt die Methode der Bionik dar (zusammengesetztes Wort aus *Biologie* und *Technik*). Dabei sucht man Analogien zu den *Prinzipien* erfolgreicher biologischer Lösungen, die die Natur im Laufe der Evolution auf eine Problemstellung gefunden hat.

WAS BRINGT ES?

Diese Methode ist besonders für technische Entwicklungsfragestellungen interessant. Durch die zielgerichtete Suche nach „natürlichen" Lösungsprinzipien und ihre genauere Untersuchung lassen sich unkonventionelle Ansätze für die Verbesserung von technischen Produkteigenschaften finden. Beispiele hierfür sind u.a.:

- Delphinhaut: Beschichtung von Unterwasserfahrzeugen
- Klettfrüchte (von Pflanzen): Klettverschluss
- Lotuspflanze: schmutzabweisende Oberfläche
- Sandfisch: energiesparende Oberflächen
- Haifischhaut: Oberfläche von Verkehrsflugzeugen
- Katzenpfoten: Entwicklung neuartiger Profile von Autoreifen
- Spinnen: Roboter mit autonom gesteuerten Gliedmaßen (die zentral gesteuerten überlegen sind)

WIE GEHE ICH VOR?

1) Definieren Sie Ihr Problem bzw. das Ziel
2) Suchen Sie nach Analogien in der Natur. Wie hat die Natur dieses Problem gelöst? Sammeln Sie mind. 3 Analogien!
3) Analysieren Sie die Vorbilder aus der Natur: welche Aspekte machen das Grundprinzip aus?
4) Sammeln Sie mit den Erkenntnissen aus der Natur Ideen für das zu lösende Problem. Was können Sie davon lernen? Welche Aspekte haben eine Bedeutung für Ihre Problemstellung? Was lässt sich auf die Problemstellung übertragen?

Diese Methode klingt zunächst ziemlich einfach und vielversprechend, verlangt aber gerade bei technischen Problemstellungen eine starke Expertise im Prozess und in der Problem-Thematik.

4 Kreativität in der Praxis

4.1 Kombinierter Einsatz von Techniken

Die dargestellten Kreativitätstechniken können Sie zur Erarbeitung von Problemlösungen im Rahmen von Workshops oder über mehrere Arbeitssitzungen hinweg kombiniert einsetzen und so das zu lösende Problem von verschieden Seiten betrachten und durchdringen. So können Sie sichergehen, dass das Ergebnis Ihrer Ideensuche das volle Potential des Lösungsraumes erschließt.

Unterteilen Sie dazu eine Hauptfragestellung in mehrere Teilprobleme und setzen Sie je nach Problemart (siehe Kapitel 3.2) und Zusammensetzung der Teilnehmer eine passende Kreativitätstechnik ein.

Bitte beachten Sie dabei: es gibt nicht eine einzige „richtige“ Lösung oder eine rezeptartige Mixtur aus Techniken, die „immer weiterhilft“. Unterschiedliche Techniken sprechen unterschiedliche Teilnehmer auf unterschiedliche Weise an. Gehen Sie daher nach Ihrem Gefühl, danach, wie wohl und sicher Sie sich mit der jeweiligen Methode fühlen und wie überzeugend Sie eine für die Teilnehmer neue Technik „rüberbringen“ können!

Praxisbeispiel

Im Versicherungsunternehmen *Assekuranza GmbH* wird ein halbtägiger Workshop mit dem Ziel durchgeführt, zusätzliche Ideen für ein neues Versicherungsprodukt zu entwickeln und für eine konkrete Realisierung vorzubereiten.

Problem: Die Möglichkeiten und denkbaren Varianten für ergänzende Versicherungsdienstleistungen sind nahezu unbegrenzt. Die Schwierigkeit liegt darin, Produkte zu finden, die auf eine bestimmte Zielgruppe maßgeschneidert und in ihren Augen „attraktiv" sind. Von einer Antwort auf diese Frage hängt wiederum die Wahl der Produktausprägungen und der Vertriebskanäle und Kooperationen ab. Wie wurde also vorgegangen?

Erster Schritt: Einstimmung der Gruppe

Die teilnehmende Gruppe von ca. 14 Personen aus verschiedenen Bereichen der Firma werden von dem Projektleiter über den Status des Projektes kurz informiert und das Ziel des Workshops und der Ablauf werden erläutert.

Zweiter Schritt: Erarbeitungen von Optionen hins. Zielkunden und Produktausprägung mittels morphologischem Kasten

Die vertiefte Analyse der möglichen Zielgruppen und deren Lebensumfeld stehen bei der einen Hälfte der Gruppe zuerst im Vordergrund. Diese Aufgabe wird in diesem Fall mit Hilfe des morphologischen Kastens (auf einer großen Pinnwand) gelöst. Der Einsatz des morphologischen Kastens ist zugleich ein einfacher, „technisierter" Einstieg in Kreativitätsmethoden, der auch der Zusammensetzung der Teilnehmer entgegenkommt, die sich in den Details des Versicherungsgeschäftes allesamt bestens auskennen, aber mit Kreativitätstechniken noch nicht vertraut sind. Der zweite Teil der Gruppe erstellt einen morphologischen Kasten für die möglichen Produktausprägungen. Die beiden morphologischen

Kästen und die momentan am interessantesten erscheinenden Kombinationen werden dann gegenseitig vorgestellt.

Dritter Schritt: Erarbeitung von Optionen zu Kundenbedürfnissen und Vertriebskanälen mittels Mind-Maps

Im Anschluss an die Auswahl der Kundengruppen werden deren Bedürfnisse mit Hilfe der Mind-Map-Methode entwickelt und näher beleuchtet, ebenso in einer zweiten Gruppe die Möglichkeiten für Vertriebskanäle und Kooperationen. Auf diese Weise verschaffen sich die Teilnehmer einen visualisierten Überblick über mögliche Ausprägungen und Optionen der neuen Versicherungsprodukte und ihrer Vertriebswege. Dabei werden sowohl alte und bekannte als auch für das Unternehmen vollkommen neue Varianten und Ideen entwickelt.

Vierter Schritt: Erarbeitung von viel versprechenden Kombinationen im Plenum

Im abschließenden Schritt haben die Teilnehmer paarweise die Aufgabe, drei Kombinationen der vier Themenbereiche zu erarbeiten, die am viel versprechensten erscheinen. Nach der Vorstellung dieser Optionen im Plenum wird ein Stimmungsbild der Gruppe gemacht. Dies geschieht durch Bewertung der Optionen mit Klebepunkten durch die Teilnehmer. Abschließend wird festgelegt, welche weiteren Schritte man gehen sollte, um die ausgewählten Kombinationen auf Realisierbarkeit zu prüfen.

Entscheidender Erfolgsfaktor bei der Verwendung der Kreativitätsmethoden in diesem Workshop war es, die Teilnehmer nacheinander ganz verschiedene Aspekte beleuchten zu lassen und sie ihre entwickelten Ideen erst am Ende zu schlüssigen Gesamtvorschlägen integrieren zu lassen.

4.2 Persönliche Kreativität im Alltag

WORUM GEHT ES?

Mit den sieben Kreativitätswerkzeugen haben Sie sinnvolle und nützliche Ansätze an der Hand, um zielgerichtet und produktiv kreative Gedanken zu entwickeln.

Zusätzlich ist es aber auch wichtig, sich mit den eigenen spezifischen Fähigkeiten und inneren Vorstellungen zu beschäftigen.

Ihr kreatives Potenzial kann durch die Umgebung gefördert oder behindert werden. Gestalten Sie die Umgebung optimal für Ihre Bedürfnisse.

WAS BRINGT ES?

Indem Sie sich Ihrer eigenen kreativen Fähigkeiten bewusst werden und diese gezielt aktivieren, können Sie sich für neue Herausforderungen in einen Zustand versetzen, in dem Ihnen die entscheidenden Einfälle zufließen.

Durch die folgenden Tipps können Sie Ihr Potenzial aktivieren und erweitern und so ein kreatives Leben führen.

WIE GEHE ICH VOR?

Die eigene Definition für Kreativität finden

Kreativität ist ein sehr allgemeiner Begriff. Den Zugang zu Ihrer persönlichen kreativen Ausdrucksform finden Sie am leichtesten, wenn Sie Ihre individuellen Kriterien entwickeln:

1) Suchen Sie sich dazu drei Situationen, in denen Sie sich kreativ gefühlt haben. Es kann sich dabei auch um eine alltägliche Situation handeln – vielleicht haben Sie zur Lösung eines technischen Problems ein Provisorium gebas-

telt, das gut funktioniert, oder Sie haben ein Kochrezept raffiniert verändert.

2) Finden Sie heraus, was Sie in diesem Moment über Ihren Ideenreichtum glauben.
3) Wie fühlt sich dieser Zustand im Körper an, was hören/sehen Sie?
4) Welche Körperhaltung nehmen Sie dabei ein?
5) Ergänzen Sie folgende Sätze: „Ich bin kreativ, weil ich … kann.", „Meine Kreativität drückt sich durch … aus." „Kreativität ist für mich wie …"
6) Benutzen Sie in Zukunft diese Informationen, um sich in einen kreativen Zustand zu versetzen.

Sein persönliches Territorium finden

Dem Kreativitätsforscher Csikszentmihalyi zufolge wissen die wenigsten Menschen von Anfang an, in welchem Bereich sie besonders kreativ sind.

Viele Menschen meinen, dass sie keinen Zugang zu Kunst, Sport, Wissenschaft oder Technik hätten, und schlagen um diese Bereiche grundsätzlich einen weiten Bogen – aus Unwissenheit, geringer Selbstachtung oder aufgrund früh etablierter Denkgewohnheiten.

Csikszentmihalyi regt deshalb an, sich ganz bewusst verschiedene neue Bereiche zu „erobern". Nicht selten wird sich dabei Begeisterung für ein neues Thema einstellen, das einem vorher völlig gleichgültig war.

Freiräume erkennen und nutzen

Wenn wir uns im geschäftlichen Umfeld neuen Herausforderungen stellen, erkennen wir oft, wie viel eigentlich schon festgelegt ist: Anforderungen des Auftraggebers, Firmenregeln und -standards, technische Notwendigkeiten wie auch gesetzliche Regelungen scheinen keinen Platz mehr für kreative Einfälle zu lassen. Überall stößt man an Grenzen.

Es ist deshalb wichtig, sich darüber klar zu werden, welche Freiräume man in dieser Situation überhaupt hat, um dann dort gezielt kreative Ideen zu entwickeln.

Entspannungstechniken regelmäßig einsetzen

Wer kreative Ideen entwickeln will, muss sich schnell entspannen können, denn unser Gehirn arbeitet im entspannten Zustand deutlich kreativer als unter Stress. Gönnen Sie sich deshalb regelmäßig eine Ruhepause, finden Sie Ihre persönliche Entspannungstechnik.

Effektiv sind systematische Entspannungstechniken wie zum Beispiel Yoga, Tai-Chi und Autogenes Training.

Eine Technik, die leicht im Alltag angewendet werden kann, ist die Progressive Muskelentspannung nach Prof. Jacobson. Man kann sie auf dem Stuhl sitzend durchführen und sie dauert nicht länger als 10 Minuten. Indem man die Muskeln des Körpers abwechselnd anspannt und dann entspannt, wird der ganze Körper in einen entspannten Zustand gebracht.

Anleitung zur Progressiven Muskelentspannung nach Prof. Jacobson:

1. Setzen Sie sich ruhig und entspannt auf ihren Stuhl. Schließen Sie, wenn Sie mögen, Ihre Augen.
2. Ballen Sie die rechte Hand zur Faust! Fest! Noch fester!
3. Lassen Sie nun die Hand ganz locker auf den Oberschenkel fallen und fühlen Sie, wie sich die Spannung langsam lockert.

4 Nun verfahren Sie mit der linken Hand genauso.
5 Und nun mit beiden Händen.
6 Spannen Sie das rechte Bein und den Fuß an (leicht strecken, Zehen zum Körper)! Ganz fest! Noch fester! Lassen Sie das Bein wieder locker fallen und fühlen Sie, wie sich die Spannung lockert.
7 Nun verfahren Sie mit dem linken Bein genauso.
8 Und nun mit beiden Beinen!
9 Sie sind ruhig und entspannt.
10 Spannen Sie nun Schultern, Nacken und das Gesicht an. Verziehen Sie Ihr Gesicht zu einer Maske! Fest! Noch Fester!
11 Und nun entspannen Sie sich wieder! Fühlen Sie, wie die Spannung langsam aus den Schultern, aus Nacken und Gesicht entweicht. Sie sind ruhig und entspannt.
12 Und nun spannen Sie den ganzen Körper an! Die Beine, Füße, Arme, Fäuste, Schultern, Nacken und das Gesicht – den ganzen Körper! Spannen Sie ihn fest an! Noch fester! Halten Sie einen Moment den Atem an.
13 Und dann lockern Sie alle Muskeln und fallen zurück in den Sitz. Fühlen Sie, wie die Spannung aus allen Körperteilen entweicht und Sie ganz entspannt sind. Bleiben Sie einen Moment bei diesem Gefühl der totalen Entspannung.
14 Zählen Sie langsam von zehn bis eins rückwarts. Bei eins sind Sie wieder ganz frisch und wach, öffnen Ihre Augen und atmen tief durch.

Immer etwas zum Festhalten der Idee dabeihaben

Ein indianisches Sprichwort sagt: „Ideen sind wie flinke Fische.“ Das heißt, sie sind schwer zu fassen. Ideen sind genauso schnell verschwunden, wie sie gekommen sind. Deshalb ist es nützlich, immer ein Ideenbüchlein und einen Stift oder ein Diktaphon dabeizuhaben. So können Sie auch unterwegs Ihre Gedanken festhalten.

Bewusst Zeiträume für das kreative Arbeiten ***setzen***

Das Alltagsgeschäft frisst einen oft auf, so dass keine Zeit für Kreativität bleibt. Nehmen Sie sich deshalb bewusst die Zeit, sich mit Neuem und Kreativem zu beschäftigen.

Welches „Ritual" kann den Anfang dieser Zeit kennzeichnen? Eine Tasse guter Tee?

Die Umgebung durch persönliche Symbole anregend gestalten

Es unterstützt Ihre kreativen Fähigkeiten, wenn Sie Ihre Arbeitsumgebung so einrichten, dass Sie sich wohl fühlen und angeregt werden, Neues zu entdecken – mit Bildern, Pflanzen, Gegenständen, die Sie mögen, und Erinnerungsstücken.

> Richten Sie Ihre Umgebung so ein, dass Ihre Kreativität angeregt wird!

Kreative Menschen zum Vorbild nehmen

Welche Menschen bewundern Sie für ihre Kreativität und Schöpfungskraft? Wen beneiden Sie vielleicht auch darum? Nehmen Sie sich einen solchen Menschen zum Vorbild und analysieren Sie sein Verhalten:

- Was würde er in dieser oder jener Situation tun?
- Wenn ich ihn um Rat fragen würde, was würde er mir empfehlen?
- Was kann ich von ihm für mein Problem lernen?

Lernen Sie von den Kindern! Auch Kinder erlernen so spielerisch neue Fähigkeiten.

Offen sein für die Botschaften der Träume

Unser Gehirn präsentiert uns Lösungsideen oft in symbolischer Form. Wenn wir sie aufmerksam wahrnehmen und entschlüsseln lernen, steht uns eine große Quelle an kreativen Ideen zur Verfügung. So hat zum Beispiel der Chemiker Kekulé im 19. Jahrhundert nach der chemischen Struktur eines organischen Stoffes gesucht. Im Halbschlaf träumte er von einer Schlange, die sich in den Schwanz biss. Er verband dieses Bild mit seiner Problemstellung und erkannte, dass die gesuchte Struktur des Stoffes kreisförmig sein muss.

Genügend Wasser trinken

Eine gesunde Ernährung unterstützt die Denkfähigkeit des Gehirns. Besonders entscheidend ist die ausreichende Versorgung mit klarem Wasser. 2–3 Liter Wasser täglich führen dem Gehirn ausreichend Flüssigkeit zu.

- Das Gehirn „meldet" das Gefühl Durst nicht wie der Körper, so dass wir oft unterversorgt sind. Steigern Sie langsam ihren Wasser-Konsum und Sie werden nach einiger Zeit den Unterschied spüren.
- Koffein entzieht dem Körper zusätzlich Wasser.

Wenn nichts mehr geht: etwas anderes tun

Manchmal will sich einfach keine kreative Idee einstellen. Tun Sie dann einfach etwas ganz anderes und beschäftigen sich nicht mit dem Problem: Sie befinden sich vermutlich in der „Inkubationsphase" und Ihr Gehirn benötigt noch Zeit für die Lösung.

Neue Herausforderungen suchen

Um unser kreatives Potenzial zu nutzen, müssen wir uns Herausforderungen suchen: So bleibt unser Gehirn gefordert. Sonst werden wir leicht bequem und apathisch und beginnen, uns zu langweilen.

Regelmäßig neuen Input von außen suchen

Es ist wichtig, dass wir regelmäßig neue Erfahrungen machen. Das Gehirn braucht Anregung. Die Anregung von außen wird in Ihrem Gedächtnis gespeichert. Wenn Sie Ihrem Gehirn täglich neuen Input geben, regt das Ihre Erinnerungen an, so dass sie sich mit dem neuen Input verbinden. Das führt oft zu neuen Ideen oder eröffnet neue Perspektiven.

Was sind die Quellen Ihrer Inspiration? Hören Sie einen neuen Radiosender; lesen Sie eine Zeitung, die Sie noch nie gelesen haben; gehen Sie an einen ungewohnten Ort usw.

Tun Sie Ungewohntes

Jeder Mensch nutzt die Hemisphären seines Großhirns auf unterschiedliche Weise. Sie können Ihre Kreativität fördern, indem Sie etwas tun, das die weniger intensiv genutzte Seite aktiviert.

Für eher rational denkende Menschen heißt das:

- Ins Blaue fahren
- Eine Bildergeschichte erfinden
- Einem Tagtraum nachhängen und ihn einem Freund erzählen
- Lücken in den eigenen Zeitplan einbauen
- Mit einem Kind spielen

- Bei der nächsten Ideensuche Ideen aufschreiben, die Ihnen verrückt, absolut unlogisch oder undurchführbar erscheinen

Für vorwiegend intuitiv denkende Menschen heißt das:

- Eine Prioritätenliste erstellen
- Den Einkauf mit einer Checkliste planen
- Jemandem eine schlüssige Erklärung des Begriffs „Struktur“ geben
- Eine Woche lang alle Ausgaben kontrollieren
- Zehn Artikel, die Sie in einer Tageszeitung lesen, mit Schulnoten bewerten
- Bei Ihrer nächsten Ideensuche nach fünf Minuten Folgendes tun:
  - Ideen ordnen/strukturieren
  - Mit Fakten unterlegen
  - Systematisch auf Schwachstellen abklopfen („Was stört mich am meisten?“)

Wenden Sie regelmäßig Kreativitätstechniken an

Je häufiger Sie Kreativitätstechniken anwenden, desto eher geht Ihnen das kreative Denken in Fleisch und Blut über.

Steigern Sie Ihre Frustrationstoleranz

Üben Sie bewusst, Zeiten auszuhalten, in denen Sie nicht weiterkommen, ohne dabei aufzugeben.

Vertrauen Sie Ihren eigenen Fähigkeiten

Wenn Sie an Ihre eigenen Ideen felsenfest glauben, werden sie oft wahr. Wie schon Walt Disney sagte: „If you can dream it you can do it!“

Wir möchten hinzufügen: „Do it now!“

4.3 Die kreative Grundhaltung

Damit Mitarbeiter kreativ arbeiten können, sollte folgende *Grundhaltung* beachtet werden:

- Es gibt keine Fehler, nur Gelegenheiten zu lernen.
- Es gibt nie den *einen* richtigen Weg.
- Spielerisches, aber verantwortungsbewusstes Umgehen mit Problemen führt zu kreativen Lösungen.
- Ab einem bestimmten Punkt sollte die Suche nach einer Problemlösung verschoben werden, damit das Unterbewusstsein für eine Lösungsfindung tätig werden kann.
- Kritik sollte während kreativer Prozesse nicht erfolgen.
- Ideen, die anfangs als absurd und fantastisch erscheinen, sind häufig die richtigen!
- Der Mut, sich von seiner eigenen Ansicht loszulösen und verschiedene Gedankenrichtungen auszuprobieren, ist vorteilhaft.
- Merke: Experten können „zu viele Detailkenntnisse" besitzen, um ihre Kreativität für Probleme ihres Wissensbereichs uneingeschränkt zu nutzen.
- Bilder, nicht Texte, werden bei der Lösungssuche bevorzugt.
- Umwege führen häufig zum Ziel.
- Das Offensichtliche ist meistens nicht die gesuchte Lösung.
- Assoziationen aus anderen Bereichen, die scheinbar in keinem Zusammenhang mit dem Problembereich stehen, können die Lösungsfindung unterstützen.
- Entspannung und Problementfernung können zur Lösung führen.

In der Umsetzungsphase, der Implementierung einer Lösung, wird ein Höchstmaß an Perfektion und konvergentem Denken (auf etwas hinführendes Denken) benötigt. Hingegen erfordert die Phase der Lösungssuche divergentes Denken (von einer Problemstellung wegführendes Denken). Der Schwerpunkt liegt dabei auf spielerischen, nicht wertenden, explorativen Fähigkeiten. Die sich dann üblicherweise anschließende kritische Würdigung und analytische Bewertung der gefundenen Lösungsvorschläge setzt dann wieder auf die Anwendung des konvergenten Denkens.

Literatur

Brodbeck, K.-H.: Entscheidung zur Kreativität, Darmstadt 1995.

Cameron, J.: Der Weg des Künstlers, München 2000.

Czichos, R.: Kreativität & Chaos-Management, München u.a. 1993.

Csikszentmihalyi, M.: Kreativität. Wie Sie das Unmögliche schaffen und Ihre Grenzen überwinden, 7. Auflage, Stuttgart 2003.

De Bono, E.: De Bonos neue Denkschule. Kreativer denken, effektiver arbeiten, mehr erreichen, Heidelberg 2005.

Geschka, H./v. Reibnitz, U.: Die Szenario-Technik – ein Instrument der Zukunftsanalyse und der strategischen Planung, in: Töpfer, A./Afheldt, H. (Hrsg.): Praxis der Unternehmensplanung, 2. Auflage, Landsberg am Lech 1986.

Hauschildt, J.: Innovationsmanagement, 2. Auflage, München 2007.

Kamiske, G.F./Brauer, J.-P.: Qualitätsmanagement von A–Z, 2. Auflage, München 1995.

Kellner, H.: Konferenzen, Sitzungen, Workshops effizient gestalten: nicht nur zusammensitzen, München 1995.

Kirckhoff, M.: Mind-Mapping: die Synthese von sprachlichem und bildhaftem Denken, Berlin 1990.

Knieß, M.: Kreatives Arbeiten, München 1995.

Koestler, A.: Der göttliche Funke, der schöpferische Akt in Kunst und Wissenschaft, Bern 1966.

Ladensack, K.: Kreativität im Management, Heidelberg 1992.

Linneweh, K.: Kreatives Denken, Gitzel, Rheinzabern 1984.

Linde, H.-J.: Erfolgreich erfinden: widerspruchsorientierte Innovationsstrategie für Entwickler und Konstrukteure, Darmstadt 1993.

Luther, M./Gründonner, J.: Königsweg Kreativität, Paderborn, 1998.

Nütten, I.: Die anonymen Kreativen, Wiesbaden 1988.

Schaar, H.: Die ganzheitliche Unternehmensentwicklung unter den Aspekten des TQM, in: Kamiske, G.F., Die Hohe Schule des TQM, Berlin 1994, S. 55–91.

Scheidlin, V.: Kreativität, das Handbuch für die Praxis, Zürich 1993.

Schlicksupp, H.: Innovation, Kreativität und Ideenfindung, 6. Auflage, München 2004.

Schlicksupp, H.: Produktinnovationen: Wege zu innovativen Produkten u. Dienstleistungen, Würzburg 1988.

Schlicksupp, H.: Ideenfindung, 5. Auflage, München 2004.

Seiffge-Krenke, I.: Probleme und Ergebnisse der Kreativitätsforschung, Bern 1974.

Springer, S.P./Deutsch, G.: Linkes – rechtes Gehirn: funktionale Asymmetrien, 2. Auflage, Heidelberg 1993.

Svantesson, I.: Mind Mapping und Gedächtnistraining, Bremen 1993.

Swillims, W.: Die Strategie der schöpferischen Distanz, Wiesbaden 1993.

Theden, P./Colsman, H.: Qualitätstechniken, Reihe Pocket Power, hrsg. v. Kamiske, G. F., München 1996.

Vester, F.: Phänomen Stress, Stuttgart 1976.

Wagner-Link, A.: Aktive Entspannung und Stressbewältigung, Ehningen 1991.

Watzlawik, P./Weakland, J. H./Fisch, R.: Lösungen, Zur Theorie und Praxis menschlichen Wandels, 6. Auflage, Bern 2001.

Watzlawik, P. (Hrsg.): Die erfundene Wirklichkeit, 18. Auflage, München 2002.

Anhang

Ergänzend zu den dargestellten Kreativitätswerkzeugen gibt es noch viele weitere und z. T. „ungewöhnlichere“ Methoden, die in Unternehmen seltener angewendet werden.

Nachfolgend wird beispielhaft eine etwas ungewöhnlichere Methode beschrieben.

Synektik-Sitzung

WORUM GEHT ES?

Der Amerikaner *Gordon* entwickelte das Werkzeug der *Synektik-Sitzung*. Das Prinzip ist die Übertragung von fremden Strukturen auf die eigene Problemstellung. Dabei werden zwei Prinzipien verfolgt:

- Das Fremde vertraut machen.
- Das Vertraute fremd machen.

Der Name dieser Methode stammt aus dem Griechischen von synechein = verknüpfen, in Verbindung bringen.

Es ist ein intuitives Problemlösungswerkzeug, das für Konstellationsprobleme eingesetzt wird. Der Ablauf entspricht den Phasen des kreativen Prozesses.

WAS BRINGT ES?

Die *Synektik-Sitzung* gilt in der Literatur als ein Erfolg versprechendes Werkzeug, Lösungen zu erzeugen. Durch die Verfremdung bekannter Tatbestände soll verhindert werden, dass Personen, die als Problemlöser fungieren, voreingenommen gegenüber bestimmten Lösungen und Lösungsschemata sind und so möglicherweise Lösungsmöglichkeiten übersehen werden. Das Werkzeug stellt allerdings hohe Anforderungen an den Moderator und den Protokollanten einer Gruppenarbeit. Für die Durchführung einer *synektischen Sitzung* sollte mindestens ein halber Tag eingeplant werden.

WIE GEHE ICH VOR?

Ablauf

Der Ablauf lässt sich durch den sog. *Synektischen Trichter* darstellen. Er besteht aus zehn Schritten (Bild 19).

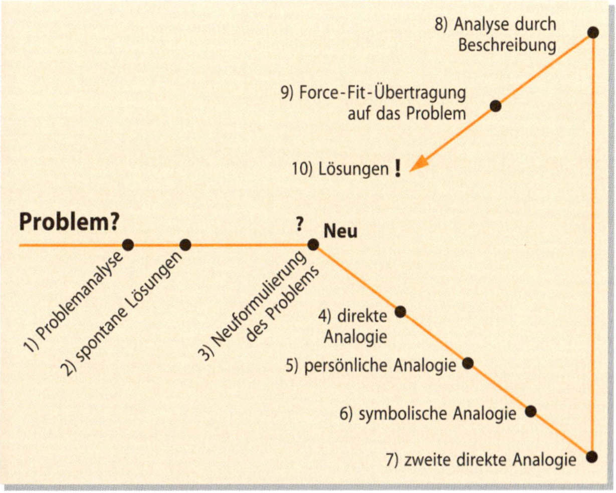

Bild 19: *Der Synektische Trichter*

Quelle: Linneweh, K.: Kreatives Denken, Gitzel, Rheinzabern 1984.

Um der folgenden Darstellung des Ablaufs zu folgen, sollte Bild 19 herangezogen werden.

Phase 1: Vorbereitungsphase

1) *Einleitung, Problemanalyse:*
Die Vorgehensweise von synektischen Sitzungen wird den Teilnehmern erläutert. Die Problemstellung wird vom Moderator erörtert, Verständnisfragen werden diskutiert, Informationen werden gesammelt. Dadurch ergeben sich häufig schon neue Aspekte des Problems (etwa 30 min).
2) *Spontane Lösungen erfassen:*
Die Teilnehmer sollen z.B. mit Hilfe des Brainstormings alle ihnen einfallenden Lösungsideen nennen, um unbelastet in den anschließenden Synektik-Prozess gehen zu können (etwa 10 min). Die Lösungsvorschläge werden z.B. auf einem Flipchart dokumentiert.
3) *Neuformulierung des Problems:*
Damit alle Sitzungsteilnehmer das gleiche Problemverständnis bekommen, kann es sinnvoll sein, das Problem im Anschluss an die Ideensammlung neu zu formulieren.

Phase 2: Inkubationsphase

4) *Bildung einer direkten Analogie zum Problem:*
Beispielsweise aus der Natur in Form eines Brainstormings (etwa 20 min).
5) *Bildung einer persönlichen Analogie:*
Eine gefühlsbetonte Projektion soll eine starke Identifikation mit der ausgewählten Analogie erreichen. Frage: Wie fühle ich mich als … Rosenknospe? (Etwa 20 min)
6) *Bildung einer symbolischen Analogie:*
Verdichtung des Hauptgefühls; weitere Problementfernung; Bildung einer möglichst paradoxen Analogie aus einem Adjektiv und einem Substantiv (etwa 10 min).

7) *Zweite direkte Analogie:*
Verknüpfung der symbolischen Analogie mit einem weiteren Bereich (z.B. aus der Technik) (20 min).

8) *Analyse der direkten Analogie:*
Mit Merkmalen und Funktionsprinzipien werden die Analogiebegriffe analysiert (20 min).

Phase 3: Illumination/Geistesblitz

9) *Force-Fit: Übertragung auf das Problem:*
Zurückführen der Lösungen aus Schritt 8 auf das in Schritt 3 formulierte Ausgangsproblem (etwa 30 min).

Phase 4: Verifikation

10) *Entwicklung von Lösungsansätzen:*
Im Anschluss werden die gefundenen Lösungsansätze weiterentwickelt.

Mit dieser Methode sollen entfernte Wissenselemente zu neuen Ergebnissen kombiniert werden. Das wird durch einen vierfachen Verfremdungsprozess erreicht, in dem völlig neue Sachbereiche in Verbindung mit dem bekannten Problem gebracht werden. Dadurch wird ein wesentlich größerer Wissensbereich in die Problemlösung eingebracht, als dies mit herkömmlichen Werkzeugen zur Problemlösung möglich ist. Die eigentliche Verbindung zwischen den fremden Strukturen und dem Problem an sich wird im 9. Schritt erreicht. Dieser Schritt wird „Force-Fit“ oder „erzwungene Eignung“ genannt.

Beispiel für eine synektische Sitzung

Schritte	Ablauf
Problemanalyse	Kinder unterliegen der Gefahr, aus Neugier oder in der Verwechslung mit Süßigkeiten greifbare Medikamente in schädigenden Mengen einzunehmen. Das soll durch „kindersichere" Verpackung verhütet werden, die möglichst für alle Arzneimittel-Arten (Pillen, Pulver, Flüssigkeiten usw.) geeignet und nicht oder nur unwesentlich teurer als herkömmliche Verpackungen sind.
Spontanreaktion	„Intelligenzen" als Sicherheitsfaktoren einbauen, z. B. Tablettenröhrchen mit Zahlenschloss-Mechanik, Verpackungen, die nur mit speziellen Werkzeugen (z. B. einer Münze) zu öffnen sind. Packungsreize für Kinder mindern (Inhalt darf nicht klappern, unauffällige Form- und Farbgebung usw.).
Neuformulierung des Problems	Die Gruppe möchte sich auf mechanische Lösungen beschränken, d. h. Lösungen, bei denen Chemikalien oder elektrischer Strom eingesetzt werden kann, kommen nicht in Frage; ansonsten bleibt die Problemformulierung unverändert.
Bildung einer direkten Analogie zum Problem (z. B. aus der Natur)	Mit welchen Lösungen schützt sich die Natur vor unerwünschten Zugriffen? • Muscheln schließen ihre Schalen. • Maulwurf gräbt sich ein. • Chamäleon tarnt sich durch Farbanpassung an seine Umgebung. • Kastanien haben eine Stachelschale.

Schritte	Ablauf
Bildung einer direkten Analogie zum Problem (z. B. aus der Natur)	• Stinktier wehrt durch unangenehmen Geruch ab. • Küken schlüpfen unter die Glucke. • Rosen sind durch Stacheln geschützt. Die Gruppe wählt die Analogie „Kastanie".
Persönliche Analogiebildung	Wie fühle ich mich als Kastanie? • Bin stolz auf meine Stacheln. • Habe Angst, beim Fall aufzuplatzen. • Möchte einem Mann auf die Glatze fallen. • Ich ersticke. • Fürchte, innerlich zu verfaulen. • Schade, dass ich so unvollkommen bin. • usw. Der Gruppe gefällt am besten die persönliche Analogie: „Ich möchte einem Mann auf die Glatze fallen."
Symbolische Analogie	Hierzu werden folgende symbolische Analogien gebildet: • Halsbrecherische Freude. • Morbide Lebenslust. • Spannende Gelassenheit. • Harmlose Gefährdung. • Masochistische Erwartung. • usw. Ausgewählt wird „morbide Lebenslust".
Zweite direkte Analogie	Auf welche technischen Geräte, Verfahren usw. könnte der Ausdruck „morbide Lebensfreude" zutreffen? • Alte Dampflok. • Rennwagen. • Nitroglyzerinbehälter. • Skalpell.

Schritte	Ablauf
Zweite direkte Analogie	• Achterbahn. • Tiefsee-Tauchkugel. • Feuerwerk. • Fallschirm. • Wetterhahn. • usw.
Analyse und Force-Fit	Analyse der gefundenen Analogiebegriffe, z. B. „alte Dampflok" nach Merkmalen und Funktionsprinzipien und Übertragung der gefundenen Antworten auf das Problem (vgl. Schritt: Neuformulierung des Problems). Für den Begriff „alte Dampflok" in Bezug auf eine ausschließlich mechanische Lösungssuche bedeutet das: 1) Fährt langsam. 2) Auf schwere Lasten abgestimmt. 3) Hat viel Bedienungshebel. 4) Pleuelstangen bewegen sich hin und her. 5) Verwirrendes System von Leitungen. 6) Bremst durch Blockierungen. 7) Kohlefeuerung. 8) Stinkt nach Ruß. 9) Fährt nach Fahrplan.
Entwicklung von Lösungsansätzen …	1) Aus „fährt langsam" ergibt sich: Drehverschluss, der sich erst bei bestimmter Drehgeschwindigkeit öffnen lässt (etwa nach dem Zentrifugalprinzip). 2) Aus „auf schwere Lasten abgestimmt" ergibt sich: Verschluss, der gegen einen Widerstand niedergedrückt werden muss, bevor das Gewinde greift.

Schritte	Ablauf
Entwicklung von Lösungsansätzen …	3) Aus *„hat viele Bedienungshebel“* ergibt sich: Packung mit mehreren Tastknöpfen; von welchen eine bestimmte Anzahl gedrückt werden muss, damit sie geöffnet werden kann. 4) Aus *„Pleuelstangen bewegen sich hin und her“* ergibt sich: an einem Röhrchen muss eine Längslasche in eine bestimmte Position verschoben werden. Erst dann lässt sich der Deckel abschrauben. 5) Aus *„verwirrendes System von Leitungen“* ergibt sich: Pillendose mit Innenlabyrinth. Nur ein definierter Bewegungsablauf führt eine Pille aus dem Labyrinth. 6) Aus *„bremst durch Blockierung“* ergibt sich: Verschluss wird durch lösbaren Stift blockiert. 7) Aus *„Kohlefeuerung“* ergibt sich: Verschluss durch Thermoelement. 8) Aus *„stinkt nach Ruß“* ergibt sich: Pillen mit bitterer oder übelriechender Kaschierung versehen, die mit einer separaten Substanz vor dem Einnehmen neutralisiert wird. 9) Aus *„fährt nach Fahrplan“* ergibt sich: Pillenspender, der an eine Schaltuhr gekoppelt ist.

- Liegen keine Erfahrungen mit dieser Methode vor, sollte ein erfahrener Synektik-Moderator engagiert werden.

- Der gesamte Ablauf, auch die Phasen der Verfremdung, sollte für alle Teilnehmer sichtbar notiert werden – beispielsweise auf Flipchart.
- Die Anwendung des Werkzeugs sollte in Pilotprojekten trainiert werden, bevor es auf ein reales Problem angewendet wird.
- Der Moderator kann die 1. und 4. Analogie frei wählen. Es können Bereiche der Kunst, Geschichte, Wirtschaft, Politik, Mythologie u. a. gewählt werden. Es sollte darauf geachtet werden, dass bereits in der ersten Analogiestufe eine möglichst große Verfremdung auftritt.
- Lassen Sie sich durch anfängliche Hürden nicht abschrecken. Wenden Sie diese Methode an, wenn Sie zuvor trotz Anwendung anderer Kreativitätstechniken bisher zu keinen befriedigenden Lösungen gekommen sind.
- Achten Sie darauf, dass die Sitzung in einem ungestörten Rahmen stattfindet, losgelöst von Alltagssorgen. Entspannung und Ruhe bei der Verfremdung sind wesentliche Erfolgsfaktoren.

- Besonders bei dieser Methode ist es wichtig, persönliche Hemmungen zu überwinden, da neue Ergebnisse nur bei einer fröhlichen Atmosphäre zu erwarten sind. Die Verfremdungen sollten spielerisch vorgenommen werden.
- Die große Zahl an Ablaufschritten erweckt anfangs den Eindruck eines komplizierten Werkzeugs.

Variation: Visuelle Synektik

WORUM GEHT ES?

Ebenso wie bei der *Synektischen Sitzung* sollen bei der *visuellen Synektik* für den Lösungsprozess fremde Strukturen auf ein Problem übertragen werden. Anders als bei der *Syn-*

ektischen Sitzung bedient sich hier der Verfremdungsprozess der Arbeit mit Bildern. Die Arbeitsprinzipien lauten:

- Verfremdung durch Bilder
- Konfrontation durch Bildelemente

WAS BRINGT ES?

Durch die Arbeit mit Bildern wird gezielt das rechte Gehirn angesprochen, dessen Fähigkeiten für die Kreativität im Problemlösungsprozess eine bedeutende Rolle spielen. Die *visuelle Synektik* hat den Vorteil, dass die Gruppe nicht viele Schritte abarbeiten muss, sondern relativ schnell mit der konkreten Suche nach Lösungsalternativen beginnen kann. Daher wird auch weniger Zeit benötigt. Ein weiterer Vorteil dieses Werkzeuges ist, dass die Phase der Entspannung der Teilnehmer bewusst eingeplant ist.

Für die Anwendung der visuellen Synektik bedarf es technischer und materieller Voraussetzungen: Entweder müssen mehrere Bildmappen oder eine Auswahl entsprechender Dias angeschafft werden. Ebenso sollten eine Musikanlage (Stereoanlage) und passende Musikstücke vorhanden sein.

WIE GEHE ICH VOR?

Die Methode wird in vier Schritte unterteilt:

1) *Klärung und Formulierung des Problems:*
   Am Ende dieses Schrittes soll das Problem präzise beschrieben sein.
2) *Entspannung und Verfremdung:*
   Die Teilnehmer lassen eine Reihe von Bildern je etwa zwei Minuten lang auf sich wirken. Die Bilder dieses Schrittes sollen eher ruhig sein und wenige Details haben. Die genaue Art der Motive ist nicht relevant. Die Bilder können

in Bildmappen zusammengefasst sein. Natürlich kann auch eine entsprechende Diakollektion zur Anwendung kommen. Um den Entspannungsprozess zu fördern, kann Hintergrundmusik gespielt werden. Durch den Bilderwechsel entfernen sich die Teilnehmer schrittweise vom Problem – sie gewinnen Abstand.

3) *Ideenfindung:*
Danach werden aus einem beliebigen Bild einzelne Bildelemente herausgegriffen und auf ihre Bedeutung für das Problem hin untersucht. Für diesen Schritt sollten Motive mit vielen Details gewählt werden. Das Thema des Bildes soll möglichst entfernt vom Problembereich sein, um eine erzwungene Eignung (Force-Fit) herbeiführen zu können.

4) *Evaluierung der gefundenen Lösungen:*
Jetzt werden die Lösungen bewertet und diskutiert.

Um die Entspannung durch Musik zu fördern, eignen sich am besten ruhige klassische Stücke oder speziell zur Entspannung produzierte neuere Werke.

Analysieren Sie ein beliebiges Bild. Suchen Sie nicht gezielt nach Bildern, die bereits eine starke Verwandtschaft zum Problem zeigen. Nur so kommt der Effekt der erzwungenen Eignung (Force-Fit) zustande. Gerade bei der Beschäftigung mit nicht zusammenhängenden Gebieten ergeben sich die interessantesten Lösungen.

HANSER

Alles über Teamarbeit und Moderation

Malorny, Langner
Moderationstechniken
Werkzeuge für die Teamarbeit
3., vollständig überarbeitete
Auflage. 128 Seiten
€ 9,90
ISBN 978-3-446-41232-3

Auch als E-Book erhältlich
€ 7,99
E-Book-ISBN 978-3-446-41520-1

Steigern Sie die Effizienz Ihrer täglichen Besprechungen und Sitzungen durch effektive Moderation! Fördern Sie die Kreativität Ihrer Mitarbeiter durch teamorientierte Diskussionsprozesse! Für alle, die sich rasch einen Überblick über Teamarbeit und Moderation verschaffen wollen.

Mehr Informationen finden Sie unter **www.hanser-fachbuch.de**

HANSER

Richtig fragen – eine Kunst

Brunner
Die Kunst des Fragens
5. Auflage
128 Seiten
€ 10,–
ISBN 978-3-446-45034-9
Auch als E-Book erhältlich
€ 7,99
E-Book-ISBN 978-3-446-45065-3

Welche Fragen können wann und wie eingesetzt werden? Welchen Effekt erzielen sie beim Gesprächspartner? Welche Fragetypen gibt es? Und welche Fragen sollten eher vermieden werden? Wichtige Antworten rund um den gezielten Einsatz von Fragen erhalten Sie in diesem praktischen Ratgeber!

Mehr Informationen finden Sie unter **www.hanser-fachbuch.de**

HANSER

Für perfekte Texte

Reiter, Sommer
Perfekt schreiben
4. Auflage
128 Seiten
€ 9,90
ISBN 978-3-446-43459-2

Auch als E-Book erhältlich
€ 7,99
E-Book-ISBN 978-3-446-43519-3

Egal, ob es sich um Konzepte, Vorlagen, Protokolle oder Presseinformationen handelt – Texte müssen einfach und klar sein, damit sie den Leser ansprechen und Wirkung erzielen. Wie das geht, erfahren Sie Schritt für Schritt in diesem Ratgeber für die Praxis.

Mehr Informationen finden Sie unter **www.hanser-fachbuch.de**

HANSER

Rüstzeug eines jeden Qualitäts- und Prozessmanagers

Kamiske (Hrsg.)
Handbuch QM-Methoden
Die richtige Methode auswählen und erfolgreich umsetzen
3., aktualisierte und erweiterte Auflage. 984 Seiten. Gebunden
€ 179,99. ISBN 978-3-446-44388-4

Auch als E-Book erhältlich
€ 119,99
E-Book-ISBN 978-3-446-44441-6

Das Handbuch QM-Methoden stellt die relevanten Methoden und Werkzeuge des Qualitätsmanagements wie Total Quality Management (TQM), Lean Management, Six Sigma, Kontinuierlicher Verbesserungsprozess (KVP), 5S, 8D, M7 oder Q7 kompakt und praxisbezogen vor. Sie können für jedes Problem die richtige Lösung finden und erhalten einen konkreten Leitfaden zur Hand, wie Sie Ihre Probleme lösen und die jeweilige Methode effektiv umsetzen.

Mehr Informationen finden Sie unter **www.hanser-fachbuch.de**

HANSER

Für Einsteiger und Experten

Müller-Prothmann, Dörr
Innovationsmanagement
Strategien, Methoden und Werkzeuge für systematische Innovationsprozesse
3. Auflage. 128 Seiten
€ 9,99
ISBN 978-3-446-43931-3

Auch als E-Book erhältlich
€ 7,99
E-Book-ISBN 978-3-446-43933-7

Dieses Buch vermittelt praxisnahes Wissen für ein systematisches Innovationsmanagement. Dazu gehören Erkennen und Bewerten zukünftiger Trends, Entwickeln und Umsetzen einer umfassenden Innovationsstrategie, Generieren, Sammeln und Bewerten von Ideen sowie ihre Umsetzung in marktfähige Produkte, das Nutzen von Kreativitätspotenzialen sowie das Zusammenarbeiten in Innovationsnetzwerken. Werkzeuge und Methoden für die Unterstützung des gesamten Innovationsprozesses werden sowohl für den Einsteiger wie für den Experten verständlich dargestellt.

Mehr Informationen finden Sie unter **www.hanser-fachbuch.de**

HANSER

Alles zum Thema Qualitätsmanagement

Ob auf dem Portal **QZ-online.de**, in der Zeitschrift **QZ Qualität und Zuverlässigkeit** oder in zahlreichen Büchern – bei uns finden Sie alles zum Thema Qualitätsmanagement. Bleiben Sie top-informiert!

Mehr Informationen finden Sie unter
www.hanser-fachbuch.de und **www.qz-online.de**